N^3

aella

ATTRACTION · ELEGANCE · LOVE · LEARNING · ACTION

aella 07
魔朵闖天關

作者：Eva
攝影：鄭堯隆
責任編輯：繆沛倫　美術編輯：楊雯卉
法律顧問：全理律師事務所董安丹律師
出版者：茵山外出版
台北市105南京東路四段25號11樓
讀者服務專線：0800-006689
TEL：（02）8712-3898　FAX：（02）8712-3897
e-mail：locus@locuspublishing.com

發行：大塊文化出版股份有限公司
台北市105南京東路四段25號11樓
www.locuspublishing.com
TEL：（02）8712-3898　FAX：（02）8712-3897
讀者服務專線：0800-006689
郵撥帳號：18955675
戶名：大塊文化出版股份有限公司

總經銷：大和書報圖書股份有限公司
台北縣五股工業區五工五路2號
TEL：（02）8990-2588（代表號）　FAX：（02）2290-1658

初版一刷：2007年1月
定價：新台幣220元
ISBN-13　978-986-6916-05-2
ISBN-10　986-6916-05-7
Printed in Taiwan

魔朵的祕密

Everything You Want to Know about Modeling

Eva・著

Chapter 3
in action

實戰

Chapter 4
curtain falls

謝幕

序

Chapter 1 stand by

準備

Chapter 2 on stage

上台

序 二十七歲的決定

二十七歲的時候，我決定做一位專職模特兒。在這個強調年輕貌美的市場裡，我的決定顯得很荒謬，二十七歲應該是很多模特兒考慮退休的年紀吧？身邊朋友對我的決定大都抱持不以為然的態度，當時我無法說出一個確切的理由，只知道這是我從小的夢想，再不做就來不及了，很多事也許年紀大了還有機會做，可是誰會要一個老女人當模特兒？我可不想等到變成昨日黃花的時侯才開始懊悔。不過我也承認，我這個決定多少有點雙魚座的不切實際。總之，這是個任性的決定。

十九歲進大學起，我開始陸陸續續接觸模特兒工作，雖然我從小懷有名模夢，但夢想歸夢想，現實生活中我從沒認真考慮過要以此為業。我爸媽從不認為模特兒是個什麼正當行業，天下父母心，花錢供養我唸到大學，可不是為了讓我當模特兒，我非常理解他們的心理，所以一直以來我對模特兒工作總抱著矛盾的情結，一方面不想放棄，另一方面卻又姿態高傲的表現出一副不以為然的態度。

大學畢業後，我找到一份研究助理的工作，一面工作一面準備出國留學考試。我是個很討厭考試的人，聯考放榜後就把所有的書本通通丟光，一洩心頭之恨，誰知道人生的考試沒完沒了，考完托福還得考GRE，補習班老師說台灣學生最強的是數學，一定要在數學上拿高分，偏偏我是個數學白痴，連這個科目都拿不到分數。某個星期天早上，我像往常一樣，拖著疲累的身軀來到補習班，看著其他努力用功的學生，我感覺自己並不屬於這裡，來自內心深處的強烈排斥感，讓我再也無法忍受，我像逃難似的逃離教室，逃離南陽街，從此再也不回頭。

我的留學計畫就這樣被擱置一旁，我覺得很茫然，一直以來我都以為自己會唸書唸到博士——想不到當時我對自己的認知如此離譜，我姊常說我小時候腦袋沒長好，實在不無道理——如今放棄留學，我竟然不知道接下來我的人生要幹嘛。也許該先找個有發展的工作，我隱約感覺到自己是個不愛拘束的人，要穿制服的工作必定不適合我，倒不是我愛穿便服，事實上穿制服還方便得多，而是制服象徵了規範，需要穿制服的工作必定制約性高，強調一致性，像我這種自認浪漫的人恐怕不能忍受這樣的事，聰明一點的主管應該也看得出來，勢必不會錄用我，我對自己的認知總算是有了些進步。

生涯規劃上的瓶頸讓我決定放自己一個假，到美國遊學八個月。在國外的日子輕鬆愜意，剛開始我很退縮，整天窩在宿舍房間裡讀書，我的室友來來去去，每個人停留的時間長短都不同。有一天來了一位年約四十的祕魯女性，她從事財經業，還是個高級主管，趁休假來此停留兩個星期，她為人親切，對我來說就像一位充滿智慧的長輩。

有一天，我又趴在書桌上努力K英文，這位室友終於忍不住對我說：「Eva，妳為什麼一天到晚在唸書，都不出去玩呢？年輕人應該要多出去走走啊！」真是一語驚醒夢中人，以前總覺得花錢來唸書，就得好好用功，出去玩是很罪惡的事，但仔細想想，如果只是每天窩在房間哩，那跟待在台灣有什麼差別？當天我就決定去參加同學舉辦的party徹底放鬆一下，自此之後，我在美國的生活出現了變化，我試著放下原有的價值觀，傾聽來自不同文化背景的聲音。

回國之後，我的氣色好了很多，手臂還長出了兩塊結實的小肌肉，可惜回台灣沒多久，生活型態改變之後，煮熟的「肌肉」就飛了。除此之外，重回現實生活也讓人適應不良，無論是趴在辦公室裡寫報告，還是遊蕩在南陽街，我不想再過著重複的生活，這時我的模特兒夢又重回腦袋，可是我已經二十七歲了，我想把這件事甩到腦後，但另一個聲音又在我的內心慫恿我：「試試吧，不試就沒機會囉！」就這樣，我下了決定，即使我不太確定，甚至有些害怕，但總得有些改變吧？我找到了當時已是名模的大學學姊，毫不考慮的簽給了她所屬經紀公司，開始了我的職業模特兒生涯。

至今想想我並不後悔，這畢竟是我從小的夢想，雖然，在以後的日子裡我漸漸了解到這個環境並不如我想像一般，徹底打破我兒時的幻想，但套一句被用濫的話：「幻滅是成長的開始」。經過了這些事情，我更了解我自己，這畢竟是個好事吧！

Chapter 1
stand by
準備

從小我就夢想能做個模特兒。

沒事就喜歡搔首弄姿擺擺pose，

小時候照全家福，大家都好好坐著，

只有我一個人在後面手足舞蹈，扭來擺去的擺pose。

我　就是愛漂亮

從小我就夢想能做個模特兒，這跟我超級愛美的個性有絕大的關係。

小學的時候看見阿姨拿蛋白敷臉，我就也有樣學樣，還因此被阿姨們取笑，不過我照樣敷得很來勁。以前我的頭髮都是媽媽剪的，我媽把我和姊姊一律剪成瓜皮頭，每次剪完之後我都氣得要死，可是我媽卻覺得這樣方便好整理，「但是這樣一點兒都不美！」我心裡總是憤恨的想。

一直到髮禁開放之前我都是留著短髮，頭髮雖短，我還是很愛梳理，我會將我的瓜皮頭梳得整整齊齊，側邊分好，夾上媽媽買給我的金金亮亮髮夾。我非常喜歡這個髮夾，它是藍色葉片形狀，旁邊還鑲了金色的邊，這可是我小時候最華美的東西了，實際上這個髮夾對小孩子的頭來說大了些，但我自己對這個裝扮得意得不得了，每次夾上這個髮夾，我都忍不住要照鏡子照好久！

我的姊姊打從嬰兒時期就長得美，小時候大家總誇讚姊姊漂亮，我爸每次都要提及他帶我姊去辦公室，同事們都搶著抱她的事，「抱來抱去都不知抱到哪兒去了！」我爸總是很得意的笑著說。至於我嘛，只聽爸媽提過我鼻子長得大，生下來就只看到一個鼻子。雖然如此，我幼小的心靈可不這麼認為，我真覺得自己美得不得了，儘管好像只有我一個人這麼認為，不過我卻堅信不疑。小學時男女合班，學校總有男生在傳，這班誰長得美，那班又有誰長得漂亮，但是傳言總是沒我的份，每次在謠傳誰長得美時，我就會跑去仔細瞧瞧，怎麼看都不覺得看她們有那裡比我漂亮，但為什麼總是沒人傳我漂亮呢？為此我常常跑到教室的窗子旁邊，頭倚著窗框，故做沉思狀往外頭看，心想，這樣來來往往的人總會注意到我的美貌了吧！不過一直到我小學畢業，傳言中的美女始終都不曾是我過。

記得在我國小和國中時期，有一個叫《新姿翦影》的節目，算得上是台灣時尚節目的始祖，當時節目出現的模特兒有包翠英、沈曼光等人，節目做了好幾年，後來又陸續有張瓊姿、周丹薇和徐貴櫻加入，早期的模特兒都是從這個節目開始打響知名度，走紅演藝圈。每次收看這個節目，我就會目眩於那些走來走去打圈圈的模特兒，還會自己在鏡子前轉好幾個圈圈仿效一番。我媽笑說我將來會去當模特兒，當然這只是玩笑話，當時模特兒就好像戲子一般，可不被認為是什麼高尚的職業，也沒社會地位。雖然如此，還是不減我模仿模特兒的樂趣，沒事就喜歡搔首弄姿擺擺pose，小時候照全家福，大家都好好坐著，只有我一個人在後面手舞足蹈，扭來擺去的擺pose，要不然就是大家都站得好好的，偏我一個人歪來倒去老站不直，我自認為這樣很有「味道」，結果留下來一堆非常爆笑的照片。一直到現在我都還有這個習慣，每次打扮好，我就會在鏡子前左看右看欣賞個老半天，還不時面露微笑，我姊每次看到都會爆笑，覺得我在耍白痴。我還記得有一次跟朋友出去玩，大家照相留念，我當然不忘裝模作樣那一招，結果我朋友始終按不下快門，她很納悶的問：「難道妳不能有些正常的表情和姿勢嗎？」

是嗎？我覺得這樣挺美的，而且……而且……我實在無法克制自己裝模作樣，對我來說，這樣也是一種自然吧！

界，她不但頭髮時髦，穿著也不一樣，那時候流行緊身AB褲，她就把制服的褲子縫得好窄，白襯衫的領子常常豎起來，袖子翻折到外套的袖子外。我從來沒想過在制服上動主意，雖然我的成績很爛，但我可是個超級乖乖牌。這位美人同學聽說在小學就聲名遠播，舉止之間都有些驕氣，放學以後，她都會到學校附近的書店翻閱女性雜誌，這對我來說是件新奇的事，而且，她幾乎認識所有在雜誌裡的服裝模特兒，我記得當時知名的有馬幼婉、王秀峰，還有後來因為絲襪廣告而大紅的詹元德，因為這位朋友的關係，我也開始注意起一些流行資訊，高中開始我就將報紙上那些漂亮的外國美女照片，一一剪下來貼在剪貼簿中，前前後後集了兩大本，透過這些照片，我有了第一個自己最愛的模特兒——捷克籍的寶琳娜（Paulina Porizkova），她是八〇年代早期的super model，棕髮藍眼，擁有歐洲人的貴族氣質，甜美又性感，典型的大眼美女，她曾經是雅詩蘭黛（Estēe Lauder）的代言人，還拍過電影，紅透半邊天，是我當時的超級偶像。

美人同學在高中時代就已經是模特兒了，現在十幾歲學生出道當模特兒，是再平常不過的事，可是在我高中時代（髮禁也不過在我高一的時候才開放），這種事足以讓人大開眼界，我看著經紀公司為她拍的照片，聽她講廣告試鏡的事，羨幕得不得了，我那個自以為美得要死的心又在悄悄作祟：「如果是我，一定會大紅，然後拍很多很多的廣告。」由於當時詹元德的絲襪廣告很紅，想到自己成為電視廣告的女主角——最好是絲襪廣告，化妝品我也不排斥……想到這些，我不禁暗自竊喜，完全沉浸在自己的幻想之中。現在想來，當時還真夠天真，事實上，一直到現在為止，我沒有拍過任何一部以我為女主角的廣告，有的只是一大群人的大堆頭片，常常拍是拍了，廣告出來根本看不到我。後來我才真正明白，廣告試鏡是萬中選一，難上加難，我的白日夢算是醒了。不過想起當時，那些為聯考壓得喘不過氣來，每天都被永無止盡的考試所追逐的日子，這些幼稚的浪漫幻想，也足以讓我沉溺其中，自得其樂了！

我的模特兒夢

我高中時代有位老師上課時總喜歡有意無意的顯露出她的成熟世故，她總是語帶嘲弄的說：「有一天妳們就會發現，白馬王子總是騎著黑豬而來。」當時聽來覺得幽默，還哈哈大笑，等日後這句話變成事實，就一點兒都不好笑了。我對愛情的極致幻想隨著真正戀愛之後就結束了，對模特兒這份工作也是，我從大一開始接觸模特兒工作，就感受到幻想和現實之間的差距，等我真的搞清楚自己並不適合這份工作，已是多年之後。不管如何，比起搞清楚愛情這件事，還是快多了。

考上大學之後，我催著美人同學介紹我進模特兒經紀公司，我拍了一些照片，覺得自己馬上就要大紅大紫，還把相片拿給所有同學看，成為名模的幻想又在我腦子裡氾濫，我好想趕快成為服裝雜誌或是化妝品廣告中的女主角，但事與願違，我跑了好多廣告試鏡，但從沒被錄用。至於服裝雜誌，後來我才搞清楚，這家經紀公司根本沒這項業務，唯一一次平面拍照的經驗是一個服飾廠商，衣服非常簡單，一下就拍完了，之後我也沒看到照片，這件事就這樣無聲無息的結束，直到某天，班上一位男同學神祕兮兮的跑來告訴我，說是看到了我的相片，我聽了非常驚喜，「不過，」這位同學接著很小心的說，「是在夜市的地攤耶，衣服看起來好爛，本來想買回來給妳看的，但因為衣服實在太醜，實在不想花錢買。」我聽了以後呆了半晌，覺得這似乎跟我的想像有些出入，我開始發現，模特兒的工作不如我幻想中的那麼美好，甚至很殘酷。後來有次為房地產公司拍廣告，當然，女主角不是我，我只是眾多配角之一，經紀公司交代我們自己準備幾套衣服，現場會有人幫我們梳化妝。為了衣服的事，我苦惱了好久，廣告的場景設定是「正式晚宴」，我翻箱倒櫃，最後從我媽的衣櫥裡找到一件勉強可用的寶藍色套裝，但太大了，我修改了裙子的腰圍，外套就勉為其難的撐著，雖然有點怪，但我也找不出其他更合適的衣服了。

拍攝當天因為出外景的地方很遠，所以大家先到廣告公司集合，再一塊兒搭車去，我因為早起睡眠不足，一上車就昏昏欲睡，半睡半醒中我聽到了其他模特兒的嬉鬧聲，我瞇著眼打量著，她們個個打扮時髦，看起來輕鬆愉快，應該都是很有經驗的模特兒，想起了我那套「媽媽裝」，「應該還好吧？」我心裡不安的想著。

感覺車開了很久才到達目的地，是一座高爾夫球場，女主角已經到了，正在梳妝打扮，我覺得她好像公主，有衆人服侍著，紅的模特兒果然不同。這支廣告有兩個場景，我們先拍戶外的部分，女主角坐在花園悠閒的喝著下午茶，我們這群配角站在旁邊別墅二樓的陽台上，陽台很小，大家都往前擠，一下我就被擠到後面去了，我在後面探頭探腦，努力的想往中間跑，這時導演說話了：「那個女生，那麼高還站在中間，這樣畫面很難看耶，到旁邊去！」我頓時大受打擊難堪透了，巴不得有地洞趕快鑽進去，接下來的時間，我都悄悄的躲在後面，只希望拍攝趕快結束。好不容易熬過了這一幕，接下來就是晚宴的部分，工作人員帶我們到更衣間換衣服，我換上我的「媽媽裝」，這時才發現同行的兩位模特兒，帶了好多好多美麗的衣服，美麗的雪紡紗、縫有亮片的小禮服、絲緞的長裙……我在一旁看得目瞪口呆，覺得自己好像一身破爛的灰姑娘在偷看兩個姊姊試穿各式各樣華麗的禮服，只是並沒有魔法可以改變我這一身可笑的服裝，我得穿著這件笨拙又過大的媽媽裝去參加晚宴，我想就算有王子也不會多看我一眼的。

後來我發現根本沒人介意我穿什麼，因為鏡頭從頭到尾就沒帶到我，廣告播出之後，只看到女主角大大的特寫，其他人都只是模糊的影子，至於我，連影子也沒看到，還好我沒跟任何人提起有拍這支廣告。

我的模特兒生涯雖然開始屢遭挫折，但並沒有澆熄我的名模夢，只能說當時的我太天真，對這個行業有太多不實際的憧憬。不過，管他的，年輕的時候總會有很多愚蠢的想法，就算白馬王子是騎著黑豬而來，我還是期待有王子出現啊！

無奇不有的 模特兒經紀公司

前陣子有個朋友可能想趕搭名模熱，跟我提到要開模特兒經紀公司，在他想像之中，模特兒經紀公司是一個無本行業，反正不用付模特兒底薪，裝個電話就可以開始營業了，如果能捧出一個林志玲，從此就可以吃喝不盡。他的想法實在很天真，但抱持這樣的想法而開經紀公司的人真的很多。一般大眾對模特兒經紀公司的認識可能只侷限於頗具規模的兩大公司——「伊林」和「凱渥」，其實除了這兩家，其他中小型的公司可多了，當然也有很多是掛羊頭賣狗肉的經紀公司。有次我在東區逛街，遇到一位年輕男子搭訕，問我想不想當模特兒，當時因為年紀小，沒想太多，糊里糊塗就給了他電話，隔天他真的打電話來，問我要不要到他們公司參觀，我很高興的就答應了，現在想想當時真的很單純，也沒什麼警戒心，約好時間就一個人跑去了。

這家公司位在一棟大廈中，大門跟一般的公寓沒什麼兩樣，連公司招牌也沒掛，進到屋內發現空間還算蠻大的，約有二十多坪，沒做任何裝潢，只擺了很多辦公桌，桌旁沒有隔板，看過去一覽無遺。天花板上裝的是一般的日光燈，整個感覺就像貿易公司的辦公室。我到達之後，發現屋內擠滿了年輕人，他們被分散在不同的桌子旁邊，每張桌子都有專人在跟他們講解事情，氣氛非常熱絡。我一進門，當初跟我搭訕的人立刻跑來，跟我寒喧一陣就切入正題，他表示公司目前要找十位條件優秀的模特兒，要盡全力捧紅他們，他覺得我條件夠好，很想跟我簽約，隨即拿出合約，我看了一下合約，有好多張，裡面最醒目的一條是要模特兒簽下十萬元本票，老實說我真的很無知，長這麼大不知道本票是什麼東西，那個人看出我很單純，立刻表示，不管有沒有工作他們會發給模特兒薪水，每個月底薪一萬元，所以才要模特兒簽下本票，以免拿錢跑人，這張本票在工作期滿以後當然會還給我。為了讓我相信，他還帶我到公司其他的地方參觀，裡面有練習台步的房間，牆上有塊白板，上面列了訓練課程和老師的名字，有幾個老師還小有知名度，這位男子不停強調他們的老師都是名人，公司很有規模，一定會把我捧紅。參觀完後，我竟然有點兒心動，但總覺得有種說不上來的奇怪感。我表示自己很有興趣，但必須先把合約帶回家仔細

早期模特兒工作沒這麼熱門，的確很多經紀公司會在路上物色適合當模特兒的人選，忠孝東路、天母、公館商圈都常常會遇到這種經紀人，我有個朋友就是這樣在公館被挖掘，後來也拍了好幾支廣告。但一般來說，現在具有規模的公司較少會用這種方式找人。隨著模特兒工作越來越熱門，進入這行的管道也越來越多，參加各類選美比賽就是一種方式，網路上也會有很多討論模特兒公司的資訊，有心想成為模特兒的年輕人，可以多多參考比較，去經紀公司面談最好有朋友陪伴，合約也有仔細看清楚，千萬不要輕易簽約，多與人討論看看，才不會上當受騙了。

輔大織品系畢業展

也許曾經是模特兒的關係，我看《超級名模生死鬥》這個電視節目時特別有感觸，有一次節目主題是參賽者的首次服裝秀演出，節目中台步課老師是一位怪怪的J先生，這位男老師有雙修長的美腿，顯然他非常引以為傲，還穿了件小短裙示範台步，他教的第一步是讓大家將書本頂在頭上走路，我以前練習走秀時從來沒試過這種訓練方式，一直以為這只是古時候西方訓練名媛淑女才會做的事，不過這顯然對訓練平衡有很大的幫助。課程結束後的當天晚上，所有參賽者被通知到某家pub集合，到達之後她們才被告知要立即參與設計師在現場舉辦的服裝秀，這將是她們在這場競賽中的處女秀，也是評審評分的重要依據。也許因為西方人天性開放，雖是第一次，但都表現得落落大方，只有一位模特兒不慎跌倒，看到這兒不禁讓我想起自己第一次接受台步訓練的情景。

我在輔大唸書時，看到織品系徵求畢業展模特兒的海報，便主動寄照片去報名，錄取之後就開始上台步課。教大家走台步的老師是一位輔大學姊，她之前也參與過織品系畢業展演出，當時已是一位職業模特兒。第一次面對大鏡子走路感覺很怪，我發現將自己的外在條件放到模特兒的嚴苛標準中，忽然變得一無是處，肩膀過窄、腿不夠直、過瘦……自卑感油然而生，我自認宇宙無敵大美女的想法受到嚴重的考驗。而且因為長期駝背的關係，鏡中的自己看來毫無氣勢可言，走路畏畏縮縮，盯著鏡子走到目的地就是一段長途跋涉的痛苦煎熬，更不要說還要聽音樂、擺pose、記動線，能踩著高跟鞋走出去不跌倒又走回來就萬幸了。

在《超級名模生死鬥》處女秀這一集的最後，參賽者被要求穿小自己size兩號的鞋子走秀，因為評審認為能在這種痛苦之下還能走得有模有樣，就足以證明妳的功夫了得，這個想法是來自於主持人泰拉班克斯（Tyra Banks）曾在知名內衣品牌維多莉亞的祕密（Victoria's Secret）的秀中，穿著小自己size兩號半的鞋子走秀，但她的專業態度讓自己忘記疼痛，泰然自若的走完這場秀。我不知道她為什麼要穿這麼小的鞋子，不過服裝秀現場什麼狀況都有可能發生，可能衣服尺寸不合、頭飾戴起來才發現會遮到視線，假髮太重、鞋子超高跟，裙身太緊根本無法走路……這些事模特兒可能在fitting就知道，也可能到了現場，做好頭髮、衣服配件都穿戴起來才發現，不管如何，模特兒都不能抱怨，因為這是妳的專業，妳必須克服種種困難做最完美的演出。

畢業展正式演出時，很多同學都來捧場，但是我太緊張了，完全沒發現他們在台下跟我招手，秀結束之後，一位女同學非常有心的寫了一封她的看秀心得給我，裡面提出對我的幾點建議：走路不要駝背、要抬頭挺胸、不要一直看地上、表情不要太僵硬、要更有信心……我看了她的信之後，扣除了她的建議事項，看來我的處女秀恐怕毫無可取之處。

不過參與這次的服裝秀，真是我大學生活中最鮮明的回憶。剛考上大學時，我以為就要開始任我玩四年的的愉快生活，誰知道我選了一個超忙碌的系——景觀設計系，這個系當年剛成立，大家對於這個科系和這一行都很陌生，還有人質疑我「這麼瘦，怎麼當警官？」我也不知道這個系到底要唸什麼，課程規劃如何。只因為我對畫畫有點興趣，看到設計兩個字就填了志願表，誰知道就錄取了。第一次到教室，發現這個系屬於藝術學院，一時虛榮心升起，覺得跟別人說自己唸的是藝術學院，是件多有氣質的事，等到真的開學之後，我才發現唸這個系一點氣質也沒有，每天就是蓬首垢面的趕作業。那時還沒有週休二日，大一的時候，我們星期一到星期六都有課，而且是從早到晚八堂課，而且只有兩個選修學分，其他通通都是必修課。這還不說，每個星期還有畫不完的作業，好不容易熬過了辛苦的六年中學生活，還以為從此可以解放，誰知道根本是從一個火坑跳到另一個火坑。可能是補償心態吧，我高中從來不敢翹課，到了大學我就拚命翹，翹到學期末我還莫名其妙的緊張起來，深怕學校會將翹課紀錄寄到我家。

因為學業的忙碌，大學時代我連社團都沒空參加。大學生活唯一值得安慰的兩件事：一是我們系常常要到各風景區參觀做田野調查，讓我跑遍了台灣南北；再來就是參加了輔大織品系的畢業展，這不但是個絕對特別的人生經驗，也為我未來走上模特兒這行做了小小的伏筆，這可是當初連我自己都沒想到的呢！

模特兒養成班

模特兒經紀公司多半都會提供模特兒訓練課程，大型專業的經紀公司還會設有學院部，除了供旗下簽約模特兒上課，也招攬一般對化妝美容、表演有興趣的人。

比如說將課程分為基礎和進階班，基礎班多半是針對一般大衆，課程內容十分簡單，老師多為公司的資深模特兒，一期只有個十堂、八堂，教授簡單的保養、化妝、基本台步等等，我曾見過有小學生被媽媽送來這裡接受美姿美儀訓練，不過這位胖胖的妹妹，每次總是一付心不甘情不願的模樣，老師對她也沒什麼要求，可想而知這類的基礎班是老少美醜什麼樣的人都有，只要付錢就可以參加了。進階班的對象則多為公司內部的簽約模特兒，有的已經有走過幾場秀的經驗，公司希望藉由上課加強她們的實力。公司督促模特兒參加這些課程並不額外收費，但羊毛也是出在羊身上，當然是指望這些被認定有潛力的模特兒精益求精，能賺更多銀子回來。

我記得以前上課的時候，因為公司所接的case是以伸展台為主，所以課程主要是台步訓練，老師也清一色是資深模特兒，上課前少不了靠牆站立，糾正駝背的姿勢。有些老師以前是運動選手出身，特愛操模特兒做仰臥起坐、伏地挺身之類的，不過大家想像中的，把書頂再頭上走路的情況，可是從來也沒發生過，我很懷疑以前真有這樣的練習嗎？早期的台步會很要求模特兒要走得婀娜多姿，拚命的扭腰擺臀，不過近來已經不流行這樣的走法了，反而是越自然越好。不過，走台步看來簡單自然，實際上不容易，真正台步走得好的模特兒其實不多。模特兒因為常要穿三吋以上的高跟鞋，所以重心一定要在上半身，如果將全部的重量放在腳上，肯定會不穩，模特兒因為自己看不見自己在台上走路的樣子，有時候覺得自己走得好像不錯，但看到錄影帶時，才發現簡直是怪模怪樣，所以看錄影帶改正自己的錯誤，是很重要的練習方式。我剛開始走秀時，總會不自覺的眼神飄忽，不停眨眼，導演後來告訴我，若不知該看哪兒，就盯著舞台前的spot light，用了這個方式，我才慢慢把壞習慣改掉。模特兒在台上的眼神非常重要，不停眨眼會顯得很沒自信，不過，每次瞪著眼睛還讓我覺得眼睛真酸。台步要走得好並非三天兩天就可達成的，這就是為什麼走伸展台的模特兒的工作年齡較長，因為往往越是資深的模特兒在台上的表現越好。

開設學院部門一方面是訓練自家的模特兒，一方面也是經紀公司用以營利的手段，很多人誤以為只要報名參加，就可以簽約當上模特兒，當然不是這麼回事。曾有某家知名的模特兒經紀公司就以招收學生上課為主要生財之道，景氣好的時候，學院部門人聲鼎沸、學生絡繹不絕，光靠這個就大撈了一筆。更有很多名義上自稱模特兒經紀公司，其實是以開設模特兒訓練課程來騙錢，根本沒有為模特兒接任何case，很多女孩在繳交了大筆費用，上了些簡單的課程，以為自己就成了模特兒，甚至在家裡等起通告來，當然從來不會有通告出現。這些經紀公司多會強調自己與很多雜誌、廣告公司關係很好，牆上貼滿照片讓人以為該公司有衆多簽約模特兒，並且一再誇讚你很有潛力，很容易讓人信以為真。

最近我發現某家以介紹美容和時尚訊息的網站，開設了模特兒訓練的遠距教學課程，一週三天，為期兩個月，費用將近兩萬元，內容包含化妝、試鏡技巧、美姿美儀……等等，收費雖不便宜，但看來頗受歡迎，還加開暑期密集班呢！這真讓人疑惑，美姿美儀和各種表演課程，光看電腦螢幕就能學會嗎？這種透過遠距教學的方式，到底能學到多少東西？

模特兒的訓練必須理論和實用並進，光是在教室裡上幾堂課，不過是紙上談兵，沒什麼效果，老師可以教技巧，但是還得靠自己不斷練習，臨場反應也是要靠經驗長時間累積，絕對沒有人上上課，就能在台上表現得完美無缺。我剛入行時，也上過化妝、台步、表演……等等的課程，不過在我正式走第一場秀，才發現自己什麼都不懂，如何化出導演要求的妝、不同的衣服如何表現、跟別的模特兒如何搭配，很多技巧都不是在課堂上就能輕易學會的，光是化妝一項，就得靠自己不斷練習鑽研，大家以為模特兒每次表演都有化妝師伺候，其實很多時候模特兒得自己化妝，我也是因為自己在每次試鏡、演出時，都很努力的練習化妝技巧，現在的我才成了化妝高手的。

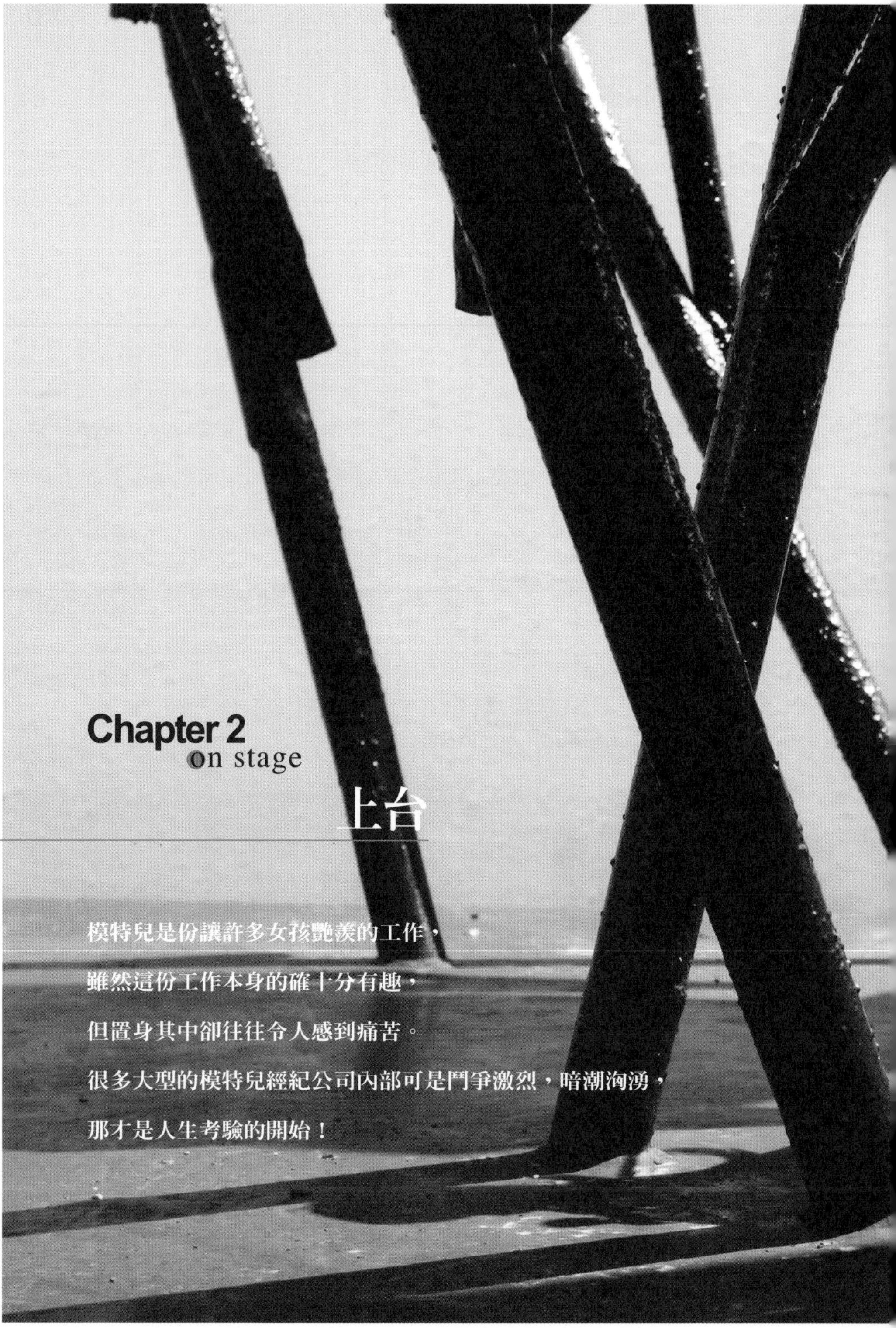

Chapter 2
on stage

上台

模特兒是份讓許多女孩艷羨的工作，

雖然這份工作本身的確十分有趣，

但置身其中卻往往令人感到痛苦。

很多大型的模特兒經紀公司內部可是鬥爭激烈，暗潮洶湧，

那才是人生考驗的開始！

灰姑娘的 壞姊姊

模特兒是份讓許多女孩艷羨的工作，雖然這份工作本身十分有趣，但置身其中卻往往令人感到痛苦。大部分模特兒都需要經紀公司，對於一個模特兒新人來說，單打獨鬥是很困難的，因為妳沒有任何的人脈和經驗，所以找一家合作的經紀公司非常重要。模特兒經紀公司總讓人想到社會新聞中，女孩子被騙去從事色情行業的報導，其實一般正規經營的經紀公司不可能做這種事，只要小心留意便不至於會被騙財騙色。但我要說的是，妳可不要以為找到正派經營的公司，從此就可高枕無憂了，很多大型的模特兒經紀公司內部可是鬥爭激烈，暗潮洶湧，那才是人生考驗的開始！

模特兒經紀公司是變態女人國，互相鬥爭的慘烈和許多檯面下的小手段不輸少女漫畫情節。在經紀公司裡，先進的模特兒就是你的學姊（感覺上就跟灰姑娘故事中的兩位姊姊差不多），必須要時時看她們的眼色，討她們的歡心，否則她們不會讓妳順利過日子。在化妝室裡要讓座，不可主動聊天，新人一定要搞清楚自己的身分是卑微的，怎可跟姊姊們平請平坐？別異想天開了。有時候自己都不曉得做了什麼就惹怒了前輩，這時再怎麼卑恭屈膝、再三抱大腿也來不及了，妳可能會被杯葛、孤立、羞辱，工作被阻撓、聯合抵制、破壞妳順利演出，總之，妳就自求多福了。

當妳跟一家經紀公司簽約時，就已經把工作的前途賣給公司了，在簽約期滿之前也沒什麼選擇餘地，所以，如果妳在公司沒有靠山，人單力薄，又不討姊姊們歡心，可想而知未來的日子會非常難熬。我常常在想這些外表美麗動人的女孩子，為什麼會有這樣的變態心理？其實這是長期累積下來的，絕大多數的模特兒很年輕就出道了，比起一些唸書唸到呆，長期在象牙塔中的夢幻少女，這些早就在社會中打滾求生存的女生，深諳鬥爭的技巧。模特兒相互之間的競爭是非常激烈且現實的，有很多女孩子非常努力，但礙於外形上的限制，比如不夠高、身材比例不佳、臉蛋不夠漂亮……等等非努力所能改善的狀況，常常成了模特兒們在這行是否成功的關鍵，有時明明自己已經夠努力了，但是還是得不到自己想要的工作機會，而身邊的同事，也許因為靠著先天條件，不費吹灰之力就得到這些夢寐以求的機會，當然造成心理的不平衡和憤怒，這種怨氣常常不由自主的就發在那些不了解狀況的新人身上。

另外一種狀況，是被我稱為有「小公主情結」的模特兒身上。她們被人長時間裝扮得美美捧在手心之後，便真的以為自己是公主了，尤其一直生活在經紀公司的保護傘之下，猶如溫室中的花朵，隨時需要有人呵護著。這種模特兒多半是已有一定的知名度，公司當作搖錢樹一般寵愛，自然絕對受不了氣。其實說穿了，模特兒也不過就是一份工作，回到現實生活中跟一般人無異，很多模特兒離開這行後，很難適應別的工作，畢竟在別的工作環境，可沒人要捧著妳當公主。

有一次，一個模特兒提議玩個遊戲，這遊戲必須由大家先寫十個成語，沒想到不過是十個成語而已，竟然沒幾個模特兒寫得出來，遊戲也玩不下去。其實不要說十個成語，很多模特兒在美麗的外表之下，幾乎是完全無知的，長期在競爭環境之中，很多事早就忘了，難怪常常聽人說模特兒沒大腦。

不過，在我所認識的模特兒之中，也有不少個性好，努力充實自己的人，其實模特兒

百萬名模的迷思

模特兒工作吸引人的理由有千百個，但若以為「收入優渥」也是其中之一就大錯特錯了。模特兒何其多，年薪能破百萬的寥寥可數，收入比一般上班族還低的大有人在。八〇年代的超級名模琳達·伊凡潔莉絲塔（Linda Evangelista）曾說過沒有時薪一萬美元不下床的名言，讓人以為模特兒的收入是天文數字，事實不然。由於經紀公司是將酬勞以每月結算的方式發給模特兒，我曾有過月薪兩千元的紀錄！

一般來說，拍攝廣告和服裝型錄的酬勞最高，就算是新人，拍一支廣告片片酬也有萬元起跳；如果是高知名度的模特兒，一支片子超過十萬元也時有所見；拍攝服裝型錄的話，一個工作天下來，上萬元也是跑不掉。這樣看來，模特兒的待遇好像很不錯，然而拍廣告和型錄的機會沒有想像中的多，每個月都能接到廣告片的模特兒已經算是這個行業的佼佼者了。至於服裝型錄，一季最多拍個兩次，大多數的廠商又愛用外國模特兒，可能是身材比例和膚色的緣故，國內的模特兒要拍到型錄的機會少之又少。

撇開做free的模特兒不說，和經紀公司簽約的模特兒，酬勞的計算更是令人玩味。經紀公司不發底薪，模特兒都是論件計酬，初出道的新人缺乏經驗和知名度，廠商通常不敢貿然任用，願意付的酬勞也不高，但相對的新人需要經紀公司賣力推薦，公司的抽成就很高，平均都會抽到四到五成，所以新人能勉強糊口就很不錯了，這種「新人」狀態要撐多久很難說，從一、二年到無限長都有可能，經紀公司常常都會叮嚀模特兒「不要一直當新人」，這個行業競爭是非常激烈的，這樣下去，妳還沒賺到什麼錢，模特兒生涯就已經宣告結束了。

我從小就喜歡翻閱各種時尚雜誌，看到雜誌上模特兒拍的美美的照片總是羨慕不已，很希望自己有一天也可以有機會拍這樣的照片，進入這一行後，才知道替雜誌拍照根本是不賺錢的工作，因為雜誌認為這也算是替模特兒宣傳，增加曝光率，提升模特兒知名度的方式，沒跟妳收宣傳費就不錯啦！頂多付個車馬費，一般行情都是兩千元，不管哪一種雜誌、拍攝時間多長，也不管模特兒的知名度多高，算是公定價。雖然如此，替雜誌拍照還是很吸引人，化上最流行的妝，穿上新款的華服，佩戴令人炫目的各式首飾配件，專業的造型師將妳變身成美麗奪目不似凡間人的高傲形象，以這樣的姿態登在雜誌上，誰不渴望呢！

身高夠高的模特兒做服裝秀的收入算是蠻穩當的。因為身高的限制，能夠競爭的模特兒人數有限，模特兒的舞台表演需要長時間的歷練，所以走秀的酬勞雖不比拍廣告和型錄來得高，但累積起來也不差，有一點知名度的服裝秀模特兒，一場秀經紀公司抽成以後若實拿六千元，服裝品牌換季期間，以四十場的工作量來說，也是一筆不小的收入。服裝秀模特兒的工作壽命較長，很多資深模特兒結婚生子，三十好幾照樣活躍在舞台上，享有不錯的收入。

除了以上的工作，其它像是產品發表會、記者會，也是模特兒賺錢的機會，現在還有一種所謂的「展場小姐」，也是由模特兒擔任，雖然這與模特兒的專業有些距離，但經濟不景氣，許多模特兒還是將它視為重要的生財途徑。展場的工作常常需要穿著清涼，工作時間又漫長，但因為場次多，也能賺到不少錢，一天收入三、四千元，五天下來，也有兩萬元進帳。世貿每兩年的汽車大展，時間長達十幾天，日薪比其他商品展都來得高，十幾天下來可賺個七、八萬，是很多模特兒兩年一度的搶錢時機。

經濟不景氣的時候，模特兒這一行也大受衝擊，我以前到中、南部參加服裝秀，都是坐飛機來回，現在模特兒都落到只能坐遊覽車的待遇。由於廠商紛紛削減預算，服裝秀的場次是越來越少。不過，也有些模特兒以這一行為跳板以進入演藝圈，模特兒轉戰演藝界也是提升收入的辦法，不過能否成功，則因人而異了。

收集夢幻的 Model Card

十九歲的時候我第一次接觸到模特兒經紀公司，那是一家專接廣告的小公司，我踏進公司第一眼吸引我的，就是滿牆的模特兒資料照，對我來說這是一件很神奇的景象。那時候不流行拍沙龍照，我不曾有過這樣的照片，我盯著這些照片看了好久，心裡充滿了憧憬：「我也好想有像這樣的照片啊！」

後來聽說這家公司的老闆投資太多錢在房地產上，結果周轉不靈，這家小公司也就消失了。當時這家公司也幫我了一些資料照，也許她們認為我有潛力，拍攝這些照片時，並沒有收取我任何費用，老闆自己幫我化妝兼當攝影師，看著這些照片，就好像灰姑娘美夢成真一般。

其實比較專業的做法，是製作印刷所謂的「model card」，經紀公司的model card基本上大同小異，大小約A4的一半，正面少不了一張清晰乾淨的大頭照，讓廠商看清楚這模特兒的五官長相，背面則是不同造型的照片。model card是模特兒面對廠商的第一關，擔負的責任重大，小小的一張卡片要將模特兒的優點全部表現出來。比較資深的模特兒，會大量採用她們為雜誌拍的照片，這樣就更能讓廠商知道模特兒的經歷，我曾經看過某些資深名模的model card，小小的一張卡上，紀錄了她們模特兒生涯的代表作，有雜誌也有服裝秀照片，無疑她們模特兒生涯的濃縮精華版。

很多小的模特兒經紀公司會以拍資料照為由，要模特兒付一大筆拍照費，照片是拍了，但品質不佳，之後當然也不可能有任何工作，純粹是拍照騙錢，我從未花錢拍過資料照，頂多付過印刷費，如果有模特兒經紀公司要妳花大錢拍照，八成是掛羊頭賣狗肉的騙人公司。

如果妳有機會到模特兒經紀公司參觀放model card的地方，將會發現model card排放的位置也是有意義的，排在最上面一排的，絕對就是該公司的一線模特兒，新人則都是從最下面一排排起，隨著妳的資歷與名氣，妳的卡會向上移動，所以看位置也可以看出排名喔！

我常常會把自己的model card拿出來把玩，裡面有些新人時期的照片看起來很呆，我想等過了多年之後，我會把這些卡片放在一個復古式的金屬相框裡，框上雕著巴洛克時期的繁複花紋，然後掛在牆上，像是一個美好的裝飾品，那些當時流行造型打扮，到時候看來一定很「復古」，足以讓我好好回味當年當模特兒的生涯趣事。

身高 決定一切嗎？

模特兒的外表給人的印象就是「很高」，但可不是長得「高」就夠了，擁有良好的身材比例和個人特質才是關鍵。不可否認，站在舞台上，越高就越吃香，「高」在舞台上氣勢就強，身高能有一百七十八公分以上，在模特兒圈就已經佔了先天優勢，但也有一些模特兒例外，國際名模凱特·摩斯（Kate Moss）就是一個例子，她只有一百六十八公分，卻是名牌服裝秀爭相邀約的模特兒。凱特·摩斯一九九二年因為擔任卡文·克萊（Calvin Klein）的品牌代言人一炮而紅，不同於八〇年代芭比娃娃式模特兒，凱特擁有強烈的個人特質，嬌小纖細的身材配上稚氣又帶倔強的臉龐，展現出頹廢性感不受拘束的風格，讓時尚界趨之若鶩，美女的定義不再是金髮碧眼完美五官的雕像，帶有些許缺陷的性格美人從此躍上國際舞台。

台灣的模特兒這幾年來也有逐漸增高的趨勢，接近一百八十公分的模特兒愈來愈多，像我一百七十三公分已經是最低標準邊緣。記得一次參加夏姿的服裝秀，模特兒人數眾多，導演叫我們依照高矮分組，我被分到最矮一組，服裝秀結束後，我姊還說：「想不到妳在台上看起來很嬌小。」有時候光看身高並不準，獨特的個人特質也很重要，現在已經漸漸轉向演藝圈發展的名模蔡淑臻，身高只有一百七十二公分，在台上氣勢毫不遜於其他比她高的模特兒，除了有張超美形臉孔之外，她的身材體態都近似西方人，不似大多數台灣模特兒身材普遍嬌弱單薄，因此穿各種類型的服裝都很合適，加上她台步走得棒，一直都是廠商愛用的模特兒。此外，有聽覺障礙的模特兒王曉書身材也很嬌小，但特殊的奮鬥背景和清靈討喜的氣質，也讓她倍受廠商的青睞。

一般的服裝秀都會要求模特兒愈高愈好，但有的時候遇到一些少女品牌的服裝秀，反而不喜歡模特兒太高，這個時候嬌小可愛的模特兒反而比較吃香，不過這種情況不多，絕大多數是百貨公司的成衣秀。其實身高限制多是針對服裝秀的模特兒，一般拍平面或電視廣告就不在此之限，重要的是身材比例好，在鏡頭下看起來漂亮即可。有些服裝型錄反而不喜歡找太高的模特兒來拍，因為衣服的大小尺寸是依照一般人的size所設計，太高的人穿

模特兒的鞋櫃

喜歡時尚的觀衆總可以從每一場時裝秀上，看到模特兒帶來最流行的服裝、髮型、化妝，和鞋子——對了，模特兒演出的時候可不是光著腳，流行的服裝當然也要搭配最新流行的鞋子！不幸的是，絕大多數的服裝品牌，只有做衣服而沒有生產鞋子，所以這些作秀時所穿的鞋子，模特兒就得自己掏腰包購買。鞋子和化妝品一樣，是模特兒的基本配備，不管是做服裝秀或是幫雜誌拍照，模特兒都得自備鞋子，每次工作時，就會看到模特兒們背著一個大提袋或是推著旅行箱，裡面塞滿的就是鞋子。對廠商來說，模特兒自備鞋子是天經地義的事，拿不出適合的鞋子，可能還會被認為不夠專業！如果你有機會參觀模特兒的住家，絕對會發現堆積如山的鞋子，對已經工作多年的模特兒來說，擁有上百雙的鞋子是家常便飯，我媽就常說我到底是做模特兒還是賣鞋的？這些鞋子如果平常能穿出門也就罷了，偏偏大部分都有著三吋高跟，對身高本來就異於常人的模特兒來說，不太可能拿來穿著到處跑。

通常同一家經紀公司，會要求模特兒全體購買相同款式的鞋子，這樣演出時才有整體感。我剛進公司時，就被要求購買和前輩已有的鞋子一樣的款式，為了買到那樣的鞋子（還要便宜，畢竟我才入行啊！），跑遍台北所有大小鞋店和地攤。新人接的秀數量雖少，該有的鞋子卻少不得，加上鞋子的款式隨著流行在變，這季買的鞋子下季可能就穿不到了，結果買的鞋子總是比做的秀還多。為了要省下買鞋的開銷，很多人會想盡辦法去借，但借鞋這件事不如想像中簡單，模特兒大多不愛借鞋給別人，誰知道借出去的鞋子回來會變成如何。我曾經借過一雙鞋給別人，從此一去不復返，原來這位小姐又將我的鞋子轉借給別的模特兒了，而她竟然搞不清楚借給了誰，那可是雙價值不菲的鞋子呢！另一個大家不願借鞋的原因，是模特兒之間的微妙競爭心態，如果自己沒做到這場秀，還得把鞋子借給得到機會的人，心裡當然不是滋味，一次兩次還好，多了可真叫人受不了。所以在模特兒之間，借鞋不比借錢簡單，每次作秀錢猛打電話借鞋的情況，簡直就像調頭寸一樣。

因為鞋子眾多，為了讓大家一聽了然，每雙鞋都會被取個名字，比方說，黑色前頭包腳趾後頭包腳跟的高跟鞋，叫做「黑包高」，黑色前包後空有復古感覺的叫「黑復古」，黑色尖頭拖鞋就叫「黑尖拖」，如此一來，只要說出鞋子的名稱，大家都很清楚是哪一雙，樣式如何，才能避免發生穿錯鞋的情況。

看一個人的穿著是否講究，只要看他的鞋子就知道，如果連鞋子也是最流行的款式，且質材良好，就知道這個人的品味有相當程度。迷戀鞋子的人或許覺得穿上那些漂亮的鞋子就能滿足內心深層的慾望，如同灰姑娘的玻璃鞋可使美夢成真。電視影集《慾望城市》裡，女主角凱莉是個戀鞋癖，對各式各樣的夢幻名牌鞋子毫無抵擋的能力，我可以理解她的心情，雖然面對自己滿坑滿谷的鞋子時，總是為了還有什麼地方可以堆它們而煩惱，然而心中還是想著：「我要買這些當季流行鞋子的平底版本！」

越秀越賣的樓面秀

前陣子百貨公司週年慶，我也興致勃勃的跑去一家大型shopping mall採購，人山人海中，我注意到一支繞著商場遊行的小隊伍，仔細一看原來是十來個模特兒排成一直線，身穿當天特賣的服裝做促銷展示，排在最前頭的模特兒還手舉著一個大牌子，標明衣服的拍賣地點，大家都圍在旁邊指指點點，竊竊私語，好像看馬戲團一樣，場面實在很滑稽，真是難為這些模特兒了！

這就是百貨公司的「樓面秀」。這種秀顧名思義就是在每個樓層的商場內舉辦的小型服裝秀，大家多多少少都有看過，這一類的秀就是給逛街的客人看，沒有限制也不需要邀請函，用意就是要刺激買氣，大家可以現看現買，秀的形式很簡單，廠商為了刺激買氣，多半會要模特兒做些額外的演出，就像前面所描述的繞場遊行，或是秀完到廠商的專櫃旁站一陣子「供人參觀」，這種事情常讓人覺得很蠢，但也沒辦法，衣服要賣得好，廠商才願意多多舉辦。

對走秀的模特兒來說，這類的秀可是主要的收入之一，雖然是價碼不高的小秀，但場次很多，春秋換季時，很多百貨公司都會舉辦，一連好幾天，一天有個三、四場，如果是大型連鎖百貨，北中南加起來，幾十場是跑不掉的。

表演這類的秀也是一種難忘的經驗，為了要趕在百貨公司開門前做好所有的準備工作，我們很早就要到百貨公司集合，如果要下南部表演，可能五、六點就得提著大包小包出發，自從機票漲價，大家都改搭遊覽車。我記得有一次遇上颱風，但既定的秀無法取消，大家連夜坐車趕到高雄，沿路幾乎沒車，轉眼就到了高雄，只花了三個多鐘頭，大家無不嘖嘖稱奇。

模特兒抵達南部，第一件事就是直奔百貨公司，完全沒有時間先到飯店放行李，因為所有彩排務必要在百貨公司開門前完成。每次身處無人的百貨公司都覺得很新奇，要不是因為得工作，還真想東摸西摸好好逛一番。

百貨公司秀通常後台都很克難，有的時候就只是在樓梯間隔出一區，大家就擠在那兒化妝換衣服，我記得有一次做泳裝秀，換了十一套衣服，模特兒全擠在一個狹長的小空間裡汗水淋漓，當天也有男模特兒，但處境實在太險惡，白白損失了眼睛吃冰淇淋的大好時機。

樓面秀常常一天內會舉辦個三、四場，不同樓層和不同品牌。有一次我要趕場，簡單的用塑膠袋裝著一堆鞋子，就在賣場中跑來跑去，結果袋子破了個洞，鞋子差點兒掉出來，人也狼狽不堪，導演看到差點兒沒嚇死，一直叮囑我這個德性別在賣場中穿梭，很難看。雖然同一天走多場秀可以賺得多，但也很辛苦，臉上的裝化了又卸，卸了又化，皮膚都擦出皺紋來了。有時候為了省錢，總會住到一些怪怪的旅館，有一次連走三場秀，回到飯店我眼睛過敏，紅腫疼痛，更不要說當天住的還是一家「motel」，我跟另一個模特兒同睡一張貝殼床，還有按摩浴缸，但我們都不敢用，覺得不太乾淨。

大部分的模特兒當然都是希望秀能接的越多越好，尤其是百貨公司秀，價碼不高，要靠「量」來取勝，最好把時間都填滿，要不然中間空檔，跑去逛百貨公司shopping就慘了，這樣一來當天的秀恐怕是白做了，全都再繳回給百貨公司了！

服裝秀與Fitting

每一場服裝秀之前都會有「fitting」的動作，所謂「fitting」是指服裝秀之前的試衣，絕大多數的秀都會在正式作秀之前特別撥出一天來試衣服，fitting並不只是單純試試衣服就好了，當天秀導和廠商會一起確定每位模特兒該穿哪件衣服、有哪些配件、搭配鞋子的款式，所有細節確定之後，每套衣服都要拍照存檔，並確定當天衣服的出場序，以及確定每一位模特兒在作秀時要穿的衣服。基本上「fitting」是服裝秀之前絕對不能忽略的準備工作。

Fitting常會有突發狀況，像是本來選定的模特兒被臨時撤換，這多半是由於廠商事先沒有見過模特兒，fitting時才發現這位模特兒不合適，有些廠商作風比較溫和，會等fitting結束之後，才私下告知經紀公司，有些廠商則會絲毫不留情面的要模特兒當場走人，發生這種情況時，大家心裡都很不舒服，更別提那位被趕走的模特兒，不過這就是模特兒這份工作殘酷的地方，必須要有非常好的心臟才能承受。

模特兒也是fitting當天才會見到自己做秀時要穿的衣服，誰穿哪件衣服，完全決定於秀導，比較資深的模特兒，因為跟秀導的關係較好，常會撒嬌要求選擇自己想穿或不想穿的衣服。一般來說，最有看頭的代表作，無庸置疑是分派給最紅的模特兒，至於有些暴露的、沒人愛穿的衣服，就會落到倒楣的新人頭上。正常狀況秀導會視模特兒身材來決定該穿的衣服，比如有些人屁股太大，不適合穿褲裝、有些人上身長，絕不能穿兩截式……等等，有些秀導在fitting的時候愛耍些小手段，特別具設計感，很有可能被媒體拍照的衣服，就分給她喜愛的模特兒。經紀公司裡的秀導和模特兒之間的派系嫌隙，此時一目了然。

如果模特兒因為工作撞期，沒辦法出席fitting，就只好請人幫忙代替，我們簡稱這倒楣的差事叫「代fit」，是件非常吃力不討好的工作。除非是不可抗拒的因素，不然經紀公司是不准模特兒fitting請假的，因此模特兒無法參加fitting，絕大多數的原因都是因為公司安排的工作撞期，但是經紀公司也不會替模特兒解決代fit的事，大家得自己私下找人幫忙，且要自掏腰包付「代fit費」，費用是公定價格三百元，少得可憐，有時候連車馬費都不夠，所以找人代fit全看交情，完全幫忙性質。我是新人的時候，完全不了解狀況，一位資深模特兒態度和藹地跑來要求我帶她fitting一場秀，我這個傻瓜義不容辭的答應了，後來才發現大事不妙，這場秀的地點在高雄，大隊人馬要到高雄fitting，還是坐巴士，我才恍然大悟她根本不是撞期，而是懶得只為fitting跑一趟高雄。不過有時候代fit也會有些意外的收穫，有一次我幫別的模特兒fit一場大型的精品秀，結果廠商對我十分中意，堅持這場秀要用我，本來這場秀的導演很不喜歡我，但廠商堅持，她也只好很不情願的答應，要不然她還打算永遠杯葛我走這個品牌的秀呢！

對模特兒而言，fitting最重要的是要仔細記下走秀當天要帶的各種配件和鞋子，如果在服裝秀當天少帶了要用的鞋子，可就吃不完兜著走了。除此之外，fitting常常也是一種速度的訓練，模特兒要擠在小小的空間裡，快速更換衣服，還要將上一套衣服整理好，套上塑膠袋和標籤，再按照順序掛回去，最重要的是在這麼緊張的狀態下，大家還要守好自己的衣架，免得被別的模特兒錯拿，因為模特兒得自行把衣服歸還給廠商，沒了衣架會遭白眼，認為妳態度隨便。我還記得自己還是新人的時候，經紀公司安排我上一個綜藝節目，

內衣秀

說到內衣秀，我就想到曾在電視上看到著名內衣品牌維多利亞的祕密的大型服裝秀，戴著大型羽毛翅膀的模特兒，佩戴成串水晶珠鏈，腰著既夢幻又童稚的紗裙，彷彿墜入凡間，半是人半是天鵝的妖精，擁有金色羽翼的美女從天而降，眾人皆瞬時屏息，不論是氣氛的營造，配件之雍容精緻，排場的美輪美奐，無不叫人目眩，彷彿一場華麗豪奢的宮廷盛宴。其實每年這個品牌的服裝秀，都很引人注目，不乏國際超級名模參與演出，雖然這是一場「內衣秀」，也算是時尚界的盛事。在國內「內衣秀」三個字聽起來可就充滿異色和次級的感覺，很少人會用時尚的眼光來看內衣秀，大家比較有興趣的還是模特兒的身材，畢竟對許多人而言，要看到女孩子穿得少少走來走去的機會也不多。

因為這種有色的眼光，很多模特兒覺得被要求走內衣秀是件倒楣差事，但對新人來說，免不了會被分派走內衣秀的工作。有一次內衣秀在試穿的時候，秀導千交代萬交代，務必要「墊好」才能出更衣室見人，因為廠商會留意模特兒的身材是不是夠格，當然啦，經紀公司早已準備好了一大疊的胸墊供大家不時之需。當時一位模特兒同事，剛好碰到「大姨媽」來，胸部變得較以往豐腴許多，看來非常有料，誰知道正式作秀的時候，「大姨媽」走了，結果先前試穿的內衣都太大，讓廠商感到非常狐疑，還得當場找小一號size的內衣給她。

內衣秀也不是每個人都可以走的，經常在內衣秀中露臉的模特兒，多半都有傲人的上圍。我想任何人看到胸部扁平的模特兒走內衣秀，都會感覺怪怪的，雖然在實際生活中，不管胸部大小還不是都要穿內衣。我倒覺得胸部大小不是最大的問題，比例均勻健美才最重要，畢竟只著內衣的話，掩蔽物不足，身材缺點無所遁形，國內模特兒多半沒有運動習慣，穿普通的服裝時還好，只穿內衣時，全身肌肉鬆垮，小腹突出、臀部下垂，看來實在礙眼，我總認為國內的模特兒，光把注意力集中在是否該去隆乳這回事上，不如多多加強平日的運動，讓肌肉的線條好看一點還比較重要。

生性保守的模特兒很排斥內衣秀，但這是一種態度上的問題，既然從事這一行，就應該以專業的角度來看這件事，有時候明明知道台下的人是帶著曖昧的眼光在看這場秀，但這並不應該影響演出的心情，無論如何都要盡職的展示廠商的服飾。我遇過一位模特兒，她完全是個嬌嬌女，平時絕不走內衣秀，但某次遇上以布料為主題的織品秀，將設計師服飾和內衣混搭在同一場秀中，這實在很矛盾，很多模特兒都極想參與設計師品牌秀，但內衣秀卻是模特兒最不愛的，兩個極端混在一場秀中，就無法挑剔。當時試裝的時候，這位以小公主自居的名模，當場委屈得眼淚都要流下來了，我雖然能理解她的心情，但把工作專業上的需求和平時的道德觀混為一談，老是把自己的感受放在第一位，不是專業敬業的模特兒應該有的態度。

其實很多設計師品牌的衣服，有時候用的布料也很少，幾丁點布塊披在身上，真要比的話，搞不好內衣還遮得比較多呢！前陣子我看到某位知名性感女星，為國內一家內衣品牌代言並參與服裝秀的演出，不但感覺很性感，質感也不錯，說穿了，內衣其實也不過是一種每天都要穿的貼身衣物，欣賞內衣秀當然也可以是一種審美。

後台風光

很多人對服裝秀的後台充滿遐想，曲線動人的美女們紛紛輕解羅衫，想到就夠讓衆多男士噴鼻血。但對模特兒而言，後台可沒那麼詩情畫意，服裝秀在進行的時候，後台完全呈現歇斯底里的抓狂狀態，所有的人都在跟時間競爭，要在最短的時間內換好衣服、鞋子、戴好配件、補妝、整理頭髮，一面做這些事一面還要記好到舞台時該走的動線，混亂不堪一直到秀結束，模特兒已是疲累不堪，誰還顧得了旁邊的人沒穿衣服是啥樣子？

「後台」，其實包含了兩個區域，一個是化妝做頭髮的地方，一個是服裝秀進行時模特兒stand by的地方。通常梳妝區也是模特兒的休息室，我待過各式各樣的「休息室」，有可能在飯店的寬敞會議廳，也有可能在百貨公司樓梯間。如果是戶外的秀，可能只是個臨時搭的棚子，另外像儲藏室、員工餐廳、帳棚……各式各樣應有盡有，「休息室」大多很克難，幾張桌子椅子加穿衣鏡，有時候模特兒人數太多，桌子椅子不夠，大家就得各憑本事搶位子，搶不到的，只好自己捧著化妝箱和鏡子坐在地上化妝，等到有人化好妝空出位子來，妳才有得坐。

有一次走百貨公司的泳裝秀，後台stand by的地方不過就是樓梯間隔出來的一塊小空地，在這麼小小一塊地方，必須擠進所有的模特兒、工作人員和掛衣服用的大型衣架，就幾乎塞爆了，狹小的空間又熱又擠，儘管後台春光無限，而且排在我旁邊的還是一位只穿著小三角褲的健美男模，但我完全沒有時間仔細欣賞，好不容易整場秀結束，我已經累癱了。

各式各樣的後台風光，現在想來還是讓人覺得十分有趣。在後台的時候，我們常常要十分小心，免得有人偷窺，有次我們在一家大飯店作秀，一樣是小心翼翼的先做了各種檢查，一切看來都沒有問題，當大家都在換衣服的時候才發現，這個場地設計非常特別，後台的天花板都鑲了鏡子，模特兒當場花容失色，紛紛走避。不過現場來賓應該都還沒發現這個祕密，同樣的場地，下次我們就知道要加倍小心。

有次聽到林嘉綺在國外作秀，後台還有吧台和按摩伺候，真是讓人目瞪口呆，國際大

名人走秀

很多雜誌少不了「名人」的單元，內容大多是介紹社交名流出席各種場合的活動和她們的穿著打扮，除了滿足一般大衆的窺看慾，也是雜誌和名人聯絡感情的機會，尤其是中間還有雜誌的廣告客戶，算是一舉數得。這種現象讓很多廠商在舉辦活動的時候，絞盡腦汁邀請名人出席，以確保活動訊息在媒體上的曝光量。

廣邀名人的風潮當然也席捲服裝品牌和服裝設計師，所以現在大型的服裝秀中，絕對少不了名人走秀，且儼然成為服裝秀的重頭戲。如果能請到知名度高，或是剛巧緋聞纏身的藝人，無疑是登上媒體的保證，對於不景氣之下已經慘澹經營的服裝業來說，是很划算的廣告效益。

然而對模特兒來說，看到名人來走秀，心中可能並不是滋味——模特兒的養成是經年累月的訓練、自我要求、花費許多努力和揣摩以求更完美的表現，並非誰都隨便上台能穿著高跟鞋走路就好，大衆把名人的地位放在比專業模特兒還高，似乎一點也不敬重模特兒的專業。許多秀導嘴上不說，心裡很討厭名人來走秀，覺得她們根本不懂舞台上動態美的呈現和服裝整體美感為何物。此外，通常一場秀，模特兒可能要提早好幾個鐘頭就到後台報到，然後是漫長的化妝、做頭髮、彩排，模特兒常常要忍受後台狹小的空間，一直到服裝秀結束。對廠商來說，既然已經付了模特兒薪水，就會要求盡善盡美，對模特兒自然非常嚴格；但是名人可就不一樣了，畢竟名人是廠商捧在手心裡請來的嘉賓和活廣告，通常名人能抽空趕來，就已經感激不盡了，當然也不會對他們有太大的要求，並且得凡事服侍得妥妥貼貼。不但如此，名人當然也不需要在台上走得多專業，只要露出那張臉就夠了，就算是走錯，也沒人會責怪她們。這種現象對既辛苦，又承受好幾倍壓力、動輒得咎的模特兒來說，當然很不是滋味！不過，很遺憾的是，模特兒雖然外表光鮮亮麗，但比不上名人對一般民衆的影響力與吸引力，經紀公司之間為了互相搶生意，也常絞盡腦汁請名人走秀來哄抬氣勢，增加和廠商談判的籌碼，雖然這些專業的秀場工作者心裡對於名人走秀不以為然，有時候也不得不順應潮流。

有一次我和我的名人朋友參加一場服裝秀，托她之福，我被安排到名人組，結果從開始到結束，我們都被款待得無微不至，連我不小心在台上踩滑了腳，也沒人在意，最後服裝設計師和負責整場服裝秀的導演，都對我們不停道謝，還大肆讚美了一番，這種待遇跟我以前純粹以模特兒身份走秀的情況，真有天壤之別！結果我一整天就在這種如沐春風，飄飄然的愉快心情中度過，覺得當天好像是來參加一場party一般。

名人走秀在現在可說已經是一種風潮，一場秀如果沒有名人就沒有話題，可能也沒有媒體有興趣報導，模特兒的專業表現反而變成了次要的，常常一場秀最後的報導出來，只有名人的部分，我看過很多精品服裝秀邀請藝人穿著性感服飾，結果媒體的報導盡是圍繞著藝人暴露的身材打轉，當然對於服飾廠商來說，廣告效益是達到了，但難以評估這種影響是好是壞。我們當然不能期待這樣的秀能夠表現多少服飾品牌的內涵和精神，只能說對於一般觀眾而言，看熱鬧畢竟還是比看時尚要來得有趣多了。

外勢入侵

前陣子看了一場國際精品服裝秀，整場秀除了兩位國內的頂級名模，其餘的模特兒全是外國人，看來國內模特兒的飯碗是愈來愈不保了。

早在很多年前，為服裝廠商拍攝型錄這塊市場就幾乎被白種模特兒包辦，我曾經問過一位專拍服裝型錄的攝影師，是否拍過國內模特兒，他答說：「很少。」想了一會兒，又更正：「應該是從來沒有過吧！」對服裝廠商來說，拍型錄就是要讓消費者覺得服裝美，才會有購買的慾望，外國模特兒身材比例好，衣服怎麼穿都美，再加上膚色白皙，任何顏色的服裝都適合，而且她們的肢體語言和臉部表情都比國內模特兒活潑生動，所以幾乎所有的服裝廠商都會選用外國模特兒，拍出來的照片成功率很高，除此之外，有些廠商也覺得，用外國模特兒可以提高品牌的國際感，不會讓人有太local的感覺。

不過以前就算失去了服裝型錄這塊市場，但服裝秀還是以國內的模特兒為主，鮮少見到外國臉孔，但現在情勢大為不同，愈來愈多的設計師或國際精品愛用外國模特兒走秀，需求量之大，造成很多經紀公司都開始積極物色外國臉孔，以前這些外國模特兒都是以打野食的方式來來去去，有case就來，沒case就走，下次也不知道還找不找得到人，但現在可不同了，不少外國模特兒選擇短期定居台灣，跟國內的經紀公司簽約，尋求穩定的發展，可能待個一、二年，賺到足夠的錢就走，這些女孩有不少來自俄羅斯或東歐國家，個個都身材高挑，年輕貌美，條件好得不得了，或許跟國際服裝秀場上的模特兒相比，這些女孩的條件算不上優，也不可能有好的表演機會，可是到了台灣，卻個個被當個寶，輕而易舉就可以走到精品秀，價碼還比台灣的模特兒高出許多呢！

平心而論，雖然國內模特兒在專業方面並不差，但似乎也挽救不了市場萎縮的頹勢。就拿我一開始所提的那場服裝秀，廠商就堅持要用外國模特兒，才襯得上她們的品牌，國內她們只選了兩位超級名模，其餘的通通看不上眼，這些外國模特兒，雖然外型佳，但台步走得未必好，她們多半只是趁勢淘金，撈一筆就走，並不會費心思去練習台步，但是廠商可不在乎，有次我還看到了一個黑人模特兒，身材超好，很有異國風情，但是台步走得奇差無比，是整場秀走得最糟的模特兒，但是因為太特別了，之後的平面媒體上都是她的照片，我想廠商一定十分高興，所以啦，如果妳是廠商，妳會要選擇台步佳，但身材臉蛋不是十分吸引人的國內模特兒？還是外型美，賞心悅目，但台步走得爛的外國模特兒呢？

有關男模特兒的二、三事

模特兒圈一直以來就是個陰盛陽衰的地方，以前台灣男模特兒的市場很小，以男裝為主的秀，一年到頭沒幾場，多半都是男女裝混合秀，所以男模特兒的工作量遠不及女模特兒，永遠只是花叢中聊以點綴的兩三片葉子，可想而知，真能賺到錢的男模特兒是少之又少。不過風水輪流轉，現在男模特兒的行情是愈來愈看俏，尤其是偶像劇當道，高挑俊美的男模成為戲劇圈紛紛挖角的對象，這些出身模特兒圈的男星，個個是超級帥哥，讓喜愛收看偶像劇的女性觀眾趨之若鶩，受歡迎的程度遠遠超過同為模特兒出生的女性藝人。得到模特兒大賽第一名而聲名大噪的黃志瑋，走中性路線的鄭元暢，拍金飾廣告而備受矚目的郭品超，都是最顯著的例子。

《Men's uno》雜誌每年都會辦男模選拔，言承旭就是在此比賽脫穎而出的。隨著模特兒這項行業的走紅，越來越多的年輕男孩子想投身男模行列，類似《Men's uno》這樣的比賽越來越有看頭。有次我看到新聞，在西門町有場男模比賽，參賽者必須裸露上半身，讓現場的女性獻上香吻，誰得到的唇印越多，就是優勝者，看到這些排成一列的只穿著短褲的男生，不得不大呼：「時代真是不同了！」這也算是一種女性福利，總不能老是只讓男生看些比基尼女郎吧，女生們也要打開電視好好評頭論足一番！

在歐美或是日本，現在都流行一種身材纖瘦猶如未發育美少年一般的男模特兒，現任迪奧（Christian Dior）的男裝設計師Hedi Slimane更是酷愛這一型的男模特兒，剛好可以塞進他所設計的那些小小緊身的白襯衫和窄管褲，在日本這一類猶如少女漫畫中出現的美男子，也自為一派，由來已久，一直都有固定的市場。不過在台灣這一型的男模特兒完全吃不開，台灣對於男模特兒，一直都偏好體格健碩，有男人味的男生，拍廣告尤其喜歡成熟穩重或是健康型的陽光男孩。

講到女模特兒，大家總喜歡把苗頭轉到包養、陪吃飯這些事兒上，其實男模特兒也一樣會受到富婆關愛的眼神，偶而出現在應酬飯局不足為奇，私下送禮的事也時有所聞，當然不是人人都如此，不過大家以後大可不必把這類的事兒一股腦兒的全算在女模特兒的頭上。

身處女人國的男模特兒地位十分特殊，平常外出走服裝秀，男模特兒因為人數少，總是不太受重視，沒事還得幫忙做些勞役，椅子不夠時，也以女模特兒優先，雖然說男生常常不太需要花太多時間做化妝髮型，但還是要跟女模特兒一樣七早八早的就到後台集合，然後閒閒無事等到服裝秀開始，也許有些人覺得男、女模特兒共用後台，豈不是讓男模特兒看盡風光，其實以後台緊張忙碌的程度，根本沒人有這個閒功夫看東看西，老實說，我也一直很懊惱，從來沒能好好欣賞一下男模特兒的身材，真是可惜了。

模特兒的推手和殺手

模特兒最怕被經紀公司冷凍。我聽過某位老闆很得意自己從不會冷凍模特兒，問題是，經紀公司掌大權的人物不一定是老闆，對模特兒來說，真正可怕的頭號人物，是「秀場導演」，也就是我們常說的「秀導」！

秀導是什麼人呢？他是服裝秀背後主導全局的靈魂人物，其工作性質就如同電影導演一般，規劃掌控整場秀的演出，舉凡音樂、燈光、舞台佈置到模特兒走位和肢體表演，都由他主導負責，服裝秀進行時，秀導會坐在舞台前方的控制台，以耳機和所有工作人員保持密切聯繫。可別以為秀導的影響力只有在服裝秀當天才發揮作用，其實從一開始跟廠商接觸、確定整場秀的風格到挑選模特兒，試裝，確定哪個模特兒該穿哪件衣服、配哪雙鞋子……等等，大小細節都在秀導的掌控之中，秀導的權力之大，可想而知。

以服裝秀為主的經紀公司，都有編制內的秀導，而且常常不只一位，這些秀導的背景來歷有很多種，有些是學舞蹈出身，擅長教導模特兒肢體語言，有些從事過模特兒經紀工作，也有些人一直就對服裝時尚有興趣，因而投身這項行業，當然也有模特兒轉行當秀導的例子。在經紀公司之中，模特兒和秀導之間的關係非常微妙，秀導多半握有模特兒的選擇權，如果妳討某位秀導歡心，上他秀的機會就很多，相對的，如果如果得罪了那位秀導，不管妳是否通過廠商的casting，照樣做不到秀，廠商會聽說妳長水痘、生重病、出國、發生意外（而妳本人卻不知道），總之妳不會出現在舞台上。

秀導之間的競爭比模特兒的競爭嚴厲千百倍，為了鞏固權力和機會，幾乎無所不用其極，有的秀導用私人手段跟老闆套特殊交情，同時也要收買大牌名模，對廠商態度更是百般阿諛、有求必應，我常看到秀導在廠商面前教訓新人來顯示自己的權威，說穿了是自卑情結作祟。原因是理論上秀導雖是演而優則導，但也有許多人是先天條件總爬不到一線名模的地位，也無法受到廠商的重視，長期壓抑怨氣迫使她們不怕辛苦、玩弄各種手段，說什麼也要爬到導演的地位，將以前的不滿大肆宣洩出來，凡是這種導演，特別在意模特兒有沒有時時刻刻的捧著她、尊敬她。模特兒之間的派系有時就是因為這種原因形成，我曾說過老鳥模特兒很像灰姑娘的壞姊姊，那麼秀導就是灰姑娘的惡後母了。新進模特兒要了解不懂得卑躬屈膝，不僅是挑戰秀導一人而已，更是跟整個集團作對，連想跟妳接近的人，都會遭受牽連。壓抑自己然後欺凌別人，這樣的惡性循環很容易造成個性扭曲，模特兒置身在這樣的環境之中，根本不可能去思考模特兒工作的本質，只曉得不斷去摧毀別人以保存自己。

不過愈是汲汲營營於權力和過度在乎自己地位的秀導，愈得不到人尊敬，模特兒們表面上害怕她，私底下卻總是有「她其實是跟老闆上床啦！」、「她在廠商面前跟哈巴狗沒兩樣！」這樣難聽的耳語傳開。好的秀導當然也有，本身才華洋溢，也不吝於建議和指導模特兒，跟隨這樣的導演，常常覺得自己獲益良多，即使面對嚴厲的指責，也可以感受到他們的苦心。即使不常做精品秀，不一天到晚突顯自己，也能讓人心悅誠服，樂意向他學習。

兵家必爭的世貿車展

每到車展，電視上出現最多的新聞，都是車展模特兒。提到這便讓我想到不吐不快的經驗。某次車展casting，我和同經紀公司的模特兒準時到達公關公司，不但左等右等始終不見廠商到來，還因為模特兒人數太多，會議廳擠不下，被工作人員趕到還在裝修的二樓，髒亂空曠的樓層連牆壁都還沒粉刷，只放了兩張破舊的沙發椅，沒椅子坐的模特兒只好乾站著，寒天裡大家穿著試鏡的短裙乾等，有個模特兒因為車子暫停在紅線，一直緊張兮兮，擔心萬一車子被拖吊，那可就虧大了。足足等了兩個鐘頭，廠商終於來了，而這些大爺竟然要先去——吃——飯！可沒人在乎我們受不了挨餓受凍拂袖而去，模特兒多得是，誰差妳一個啊。我雖氣得臉色發青，但這就是模特兒的待遇，如果妳不紅，就什麼都不是，可沒人會尊重妳的專業，活該被挑三揀四。試鏡結束之後，我反覆思考此事，這真的是我要的工作嗎？

車展的重頭戲就是美女如雲，兩年一度的世貿車展對模特兒來說是撈錢的大好時機，這場盛會從年底橫跨聖誕和新年，十多天賺的錢少說也有個七、八萬，所以每逢此時，各家模特兒傾巢而出，卯足了勁爭取這個賺錢的大好機會。我第一次參加車展時入行沒很久，對車展也不是很有概念，竟然第一次試鏡就幸運的被選上，這家廠商早在四個月前就開始挑模特兒，因為上年度車子賣得好，所以願意花大錢辦車展，試鏡當天幾乎全公司的模特兒都參加，當時還是新人的我，因為沒經驗心裡很不安，覺得機會渺茫。也許是運氣，這次試鏡的重頭戲竟是跳舞，我雖沒學過舞蹈，但算還有些天份和興趣——去舞廳跳舞可是很投入的，廠商放段音樂讓大家隨興起舞，看看韻律感如何，就這樣，我這個新人竟脫穎而出，順利的得到這份工作。隨著時間越來越逼近年底，還沒被任何廠商選中的模特兒紛紛憂心起來，我這才了解自己的幸運。

公司找了舞蹈老師幫大家排舞，開場第一支舞很酷，要在現場搭起的空橋上表演，我超愛這支舞的，那時候我們還在網路上被盛傳為「美少女戰士」！身穿金色小可愛和短裙，配上白色長靴，最重要的是每個人還有一把絕地武士長劍，我對這把劍愛不釋手，可為是爵士舞，少不了帽子和枴杖，中途還有丟接枴杖的動作，每次表演到這我都膽戰心驚，結果每個人都至少掉過一次枴杖，顯然觀眾並不在乎，倒是回到後台免不了被導演唸一頓。

表演空檔我也跟其他觀眾一樣興致盎然的跑到各攤位看美女，有家廠商向來大手筆請當紅名模站台，所以這個攤位人潮特別多，我好不容易在舞台前擠到一個位置，只見一位名模穿著可愛的小短裙，手叉腰以最優雅的姿勢對著展示的概念車，輕輕的說：「打開車窗。」原來是聲控裝置，但是車子全無動靜，車窗連動都不動一下，這位模特兒又重複說了幾次：「打開車窗」，但這輛車還是不為所動，完全不給名模面子，台下的人開始騷動，竊竊私語發出笑聲，工作人員連忙來解圍，最後他們放棄聲控裝置，若無其事的開始介紹此款車的其他功能，我想這輛車可能不愛美女，下次該考慮換個帥哥來。

能因為表演跳舞而不用一直站在車子旁邊傻笑實在很幸運，我們一天表演六場，因為已經有節目演出，所以需要伴車站著的時間不多。一直枯站著真的很無聊，有次我試著讓思緒脫離，這是我應付無聊的高中課程常做的事，結果馬上被導演發現我兩眼無神在發呆，立刻叫我下來訓斥了一頓，沒辦法，太乏味實在很容易讓人閃神，不過話又說回來，只要打扮得美美的站在車子旁標傻笑，就可以有不錯的收入，還有什麼好挑剔的？

車展整整十一天，剛巧遇到寒流來襲，因為後台狹小，互相傳染的結果，幾乎每個人都感冒了，我還去醫院吊點滴補充體力。感覺展場內是另一個世界，工作期間我完全沒查覺到聖誕節和新年已悄悄到來，每天離開世貿的時候天都黑了。總覺得模特兒的世界與世隔絕，工作的環境光鮮亮麗，一旦回到真實世界，常有悵然所失的感覺，也許是車展長達十一天的緣故，那段時間我一早就到世貿報到，化妝、梳頭、跳舞，日復一日，等到結束那天看到紛紛拆卸的舞台，真有大夢初醒的失落感，也許這是為什麼很多人一旦入了這一行，就無法離去的原因吧！

模特兒的演藝之路

在從前，模特兒和藝人雖然都在幕前表演，但模特兒的知名度遠不及藝人，再大牌的名模，一般大衆也沒幾個人知道，但藝人就不同了，藝人被歸類於「名人」，就算是初出道的新人，知名度也比模特兒高，名氣差異直接影響到工作價碼，所以藝人不管是走服裝秀，當產品代言人或是拍廣告，酬勞都比模特兒高出許多，但這個現象隨著名模風的吹起，開始慢慢轉變，模特兒的名字開始被一般大衆所熟悉，挾著高知名度，模特兒紛紛跨足演藝圈，模特兒藝人越來越多，她們除了主持、演戲，更是產品代言的新寵兒，對藝人造成不小的威脅，拜林志玲之賜，模特兒的黃金時代已經來臨。

模特兒走演藝圈所佔有的優勢就是外型亮麗，但光是擁有美麗的外表，並不表示就能在演藝圈大紅大紫，畢竟這一行成功的因素遠比成為名模複雜，曾有一位漂亮寶貝型的模特兒，在模特兒工作如日中天的時候，獲邀主演一部千萬美元投資的大片，消息炒得沸沸騰騰，她的演藝之路也大被看好，誰知片子開拍沒多久，就慘遭換角，有消息說她演技不佳，也有人說是她不肯「陪」導演才被換掉，不管真相如何，都對這位模特兒造成了很大的傷害。

模特兒轉行拍戲的很多，但常讓人覺得空有一張漂亮臉孔但不會演戲，當年辛蒂克勞馥（Cindy Crawford）和威廉鮑德溫（William Baldwin）所主演的《超速快感》，簡直就是慘不忍睹，辛蒂克勞馥擺明了臉上寫著「我是模特兒」的模樣，面無表情，毫無演技可言，這部片不管是影評還是票房都奇差無比，辛蒂克勞馥的演藝生涯也從此結束，真讓人鬆了一口氣。一般來說，拍平面和廣告的模特兒要比走伸展台模特兒適合走演藝之路，她們多半外型甜美、具親和力，身高也不會太高。但以伸展台為主的模特兒，走演藝圈就顯得吃力許多了，身高在一般人平均之上，與其他演員站在一起，頸部以上可能已經突出鏡頭外，導演光是如何調度畫面就夠頭痛了。

模特兒的工作因為本身就和時尚息息相關，所以也有些模特兒轉行從事時尚節目的主持工作，然而要擔任時尚節目的主持人，可不是熱愛名牌就可以擔當的，除了要有流利的口才之外，還必須時時刻刻充實自己這方面的知識，出外景的時候，外文和應變能力都要很強，能勝任的沒有幾個。也有模特兒加入綜藝節目的主持工作，但總難脫花瓶的腳色，這類的節目多半已有一線主持人掌控全場，美麗的模特兒主要的工作就是穿得美美的站在旁邊擔任陪襯的角色，讓畫面更美麗，嚴格說來跟主持才藝沒多大關係。

任何一個行業要轉行都很困難，模特兒和藝人的工作，看似很相近，其實相去甚遠，我有些模特兒朋友，原本很努力闖演藝圈，但總是不見效果，倒是常被抓去喝酒吃飯，結果大感失望。現在很多偶像劇都是找新人演出，這些新人很多都是從模特兒出身的，看起來年輕模特兒進演藝圈似乎很容易，但仔細數一數，有幾個能在這個圈子長久混下去？要說模特兒工作是演藝圈的跳板，我也不反對這種說法，踏入演藝圈不難，是否能生存，能有優異的表現，能適應種種嚴苛的挑戰，就得看各人造化了。

豐胸有理

有一次，《Playboy》找上我拍fashion單元的照片，雖然是拍fashion單元的服裝，但既然是《Playboy》，穿著還是要很性感吧！他們會找上堪稱真平公主的我，實在叫人驚訝。拍照之前，經紀公司就一再交代我，務必要帶「很多胸墊」。果然拍照當天雜誌方面的人就發現事情不妙，我的身材不但扁而已，加上超瘦，胸圍窄，當天很多套衣服根本無法穿內衣，她們想盡辦法又推又擠，膠帶黏了好幾圈，搞得大家人仰馬翻，效果只能算是差強人意，臨走之前，雜誌編輯還說：「妳去把胸部做一做嘛！」這就是為什麼有些模特兒會選擇去隆乳，因為有時還真是工作需要。

常聽人說：「模特兒胸部都很扁！」其實身材凹凸有致的模特兒也很多，為了使身材更完美跑去做豐胸手術的模特兒，對於她們「忽然長大的胸部」一律宣稱是「忽然再發育的」，這種說法匪夷所思，不過大家也都心知肚明，沒人會想去追究真相。不過，模特兒的的服裝秀，整場秀模特兒都沒有穿內衣，但是在台灣要找到真的胸形很美的模特兒是少之又少，我實在不認為沒穿內衣會比有穿內衣好看。最好笑的是曾經某位女藝人為一家知名國際品牌服飾走秀，該女星平常素以性感見稱，當天穿的也是一件網狀透明緊身長禮服，她當然沒穿內衣，卻貼了兩張顯眼的圓形胸貼來遮住胸前兩點，在網狀禮服下看得一清而楚，第二天當然在各大報都刊出了大幅的照片，女藝人還不好意思地表示自己因為「那個太大了」，不貼大張點遮不住嘛！

曾經聽一位模特兒前輩提及因為自己的胸部不夠大，每次都要使用超多層胸墊，結果脫下衣服的時候，胸墊就像餃子下鍋掉滿地。胸墊畢竟不是萬能，因此不少模特兒都會想要隆乳，我認識一位資深模特兒，專業能力一直備受肯定，表現優異也小有名氣，想不到最後還是跑去動了隆乳手術，想必這件事或許長久以來便困擾著她，也或者她覺得這可以使她在事業上有所突破。並不是女人都認為大胸部才是美，但是身為模特兒，足夠襯托出服裝美的胸部卻是出於職業需要，也是無奈。最近市面上出現花招百出的調整內衣，適應各種款式的服裝都能抬頭挺胸；早期有一種矽膠材質的胸墊，放在內衣裡可使得胸部豐滿

脫胎換骨的化妝術

我是個不太喜歡化妝的人，但我不得不承認精湛的化妝術真的可以使人煥然一新、判若兩人，我的一位男性朋友對女生化妝的神奇效果嘖嘖稱奇，「你們不懂啦，女生光是眉毛的畫法不同，感覺就完全不同耶！」自認比他那些呆瓜男性朋友內行地這麼說。他不知道，沒畫眉毛才真是差──很──多哩。

正式成為模特兒之前，我所謂的化妝不過是在臉上隨便塗塗抹抹一番，效果很像偷用媽媽化妝品的小女生，進入經紀公司之後化妝成了必修課目，剛開始因為化妝技術太爛，被公司評為不化妝還好看些。還記得第一次做秀，我完全不知道該如何化妝，前輩們個個聚精會神對著鏡子埋頭苦幹，我三兩下就化妝完畢，一位學姊看著我的妝，皺眉說：「妳難道不想再化得仔細一點兒，讓自己看起來更美嗎？」我聽了很納悶，真的不知道還要畫些什麼？後來工作經驗多了，化妝技術進步了，我才了解那時候學姊的意思，化妝可真是一門無窮無盡的深奧學問，現在我可是畫到秀要開始的前一刻，手還停不下來哩！

台灣的女孩子通常不太愛化妝，我還是社會新鮮人時，剛上班還會化一點兒妝，但日子久了就開始偷懶，反正滿天都是面對一樣的人，也沒必要做什麼打扮，公司的高雄妹還因此跑來跟我說：「妳現在怎麼都變邋遢了，以前妳還會在臉上抹粉哩！」在日本化妝是一種禮貌，女孩子很年輕就開始化妝，因此聽說她們因此皮膚普遍不佳，翻開日本的女性雜誌，少不了化妝教學的單元，街上看到的女生個個都是從頭到腳整體搭配，一絲不苟，我常常想，不知道日本女生都要多早起床開始打扮啊。

大型服裝秀多半都有化妝師，遇到這種狀況，我早晨起來心情就特別好，想到不必提那些大包小包的化妝品，頓時人就清爽起來。不過即使有化妝師，模特兒還是會準備簡單的化妝用品，一來可以自己先化底妝，二來化妝師化完之後，自己還可以「修補」一番。有些模特兒對化妝師不是很信任，認為自己的臉還是自己最清楚，所以即使有化妝師，還是情願自己來，或是化妝師化完之後，還要自己再補妝。有時候化妝師還得提醒模特兒，可別自己補妝補得走火入魔了，變得跟大家都不一樣。不過有些模特兒可能真想特別突顯自己吧，畢竟在後台，模特兒個個爭奇鬥艷，大家都拚命的想把自己打造得更美，有些模特兒對化妝的事非常敏感，遇到有化妝師的秀（化妝師通常不只一個），就會仔細觀察哪個化妝師較有名就往那兒擠。有一次後台只有兩個化妝師，結果較資深的那個化妝師那邊大排長龍，另一邊卻生意清淡，門可羅雀。我這個先天不愛跟人擠的個性，當然是排在人少的那一邊，結果這位化妝師技術非常好，加上讓他化妝的模特兒不多，反而化得更仔細。讓自己的外表盡善盡美，的確是模特兒的專業表現，但發自於內心的自信，才能顯現名模的風範，算盡心機，得到的不過是反效果而已。

化妝固然是一件辛苦的事，但遠遠比不上卸妝來得麻煩，模特兒因為工作的關係，臉上常常頂著大濃妝，要卸得乾乾淨淨可是一件大工程，妝如果卸得不乾淨，對於本來負擔就很重的皮膚，無疑是雪上加霜，畢竟模特兒是靠臉吃飯，保養好臉上皮膚是首要工作，所以卸妝工作絕對馬虎不得。我卸妝一定要經過幾道手續：一、先用卸妝油輕輕按摩整個臉部，再用化妝棉將彩妝輕輕拭去，絕對不可以大力擦拭，會很傷皮膚，尤其是眼睛周圍。二、用眼唇專用的卸妝油仔細清理眼部剩餘彩妝，眼睛部分常常是化妝重點，眼影、眼線、睫毛膏，都要一一仔細清除。三、用一般洗臉霜清洗臉部。四、仔細觀察鏡子，是否還有沒清潔乾淨的部分，眼睛周圍細小的地方，可用棉花棒沾水，再細細擦拭一遍。卸妝務必做到盡善盡美，臉上留著妝過夜是非常傷皮膚的。

有時候辛苦工作一整天完畢，回到家中還要仔細的卸妝和洗頭髮，實在是件辛苦的事，常常頭髮都沒吹乾就睡著了，醒來又是坐在鏡子前面化妝，日復一日讓我對化妝充滿厭倦。倒是現在，因為漸漸淡出模特兒工作，不再需要天天濃妝艷抹，偶而需要仔細化妝時，還覺得蠻興奮的。化妝就像一種神奇的魔術，化妝筆刷就好像仙女的魔術棒一樣，揮灑之間就可以讓人展現萬種風情。

打開琳瑯滿目的化妝箱，想到小時候偷用媽媽化妝品的小女孩，如今也長大了，現在的我，想坐在鏡子面前，為自己好好的化個妝，盡情享受這神奇的魔法。魔鏡！魔鏡！誰是世界上最美麗的女人呢？

超級名模的標準

朋友開經紀公司，我去看新人拍資料照，順便幫這些小女生做造型。新人就好像璞玉一般，有待琢磨，但也不是每個新人都是璞玉，有些也不過就是普通的石頭罷了，但在答案未揭曉之前的探求過程是十分有趣的，這也是很多經紀人會著迷於挖掘新人，一手捧紅所帶來的成就感。能成為名模的人，在剛出道時就能看出潛藏的特質，也許看本人還不是很清楚，但透過鏡頭就會非常明顯，有些女生本人很漂亮，鏡頭上看來卻很平凡，有些女生恰恰相反，本人平淡無奇，但透過鏡頭卻閃閃發光，這是因為看本人容易被表面的形象所矇蔽，但在鏡頭的放大之下，個人獨特的內在氣質會更明顯。

幫新人做造型有趣地方就是探索他們的潛藏特質，通常一個模特兒要抓到自己的型並加以發揮，至少要花上三年的時間，台灣普遍來說偏愛甜美型的女生，這類型的女生很多，尤其適合拍電視廣告和雜誌平面，但較侷限於本土雜誌，如果要拍國際中文版，如

VOGUE、ELLE、bazzaar……等，還是必須加強個人氣勢和時尚感，但這並不是每個模特兒都能做到的，有些女生太過甜美，確乏個性，反而成了阻礙，不過當不成名模也沒關係，這類女生倒很適合走演藝圈，卡麥蓉迪亞（Cameron Diaz）就是這樣的例子，她演起戲來可比辛蒂克勞馥或克勞蒂亞雪佛（Claudia Schiffer）讓人覺得順眼多了。不同型的模特兒在市場上會有不同的區隔，但台灣的市場小，能夠適合各種造型，服裝秀、廣告、平面通吃的模特兒，像林志玲、林嘉綺、蔡淑臻……等，在市場上才具有競爭力，具備這種全方位的條件，就能穩坐一線名模的位置。

隨著時代的改變，名模的特徵也有轉變，八○年代流行芭比娃娃型的模特兒，漂亮的臉蛋、魔鬼的身材，整體上是完美無瑕的，克勞蒂亞雪佛、黑珍珠娜歐蜜（Naomi Campell）都是代表性人物，但這種形象在九○年代末被凱特摩絲打破，凱特的長相並不符合八○年代的美女標準，且不滿一六八公分，但她具有一種特殊魅力，可塑性高適合各種裝扮又不失個人風格，她代表模特兒的新時代來臨，美麗的標準開始變化，美的定義趨向多元化。國際名模青木戴文（Devo Aoki）的父親是日本人，母親是英德混血，擁有多國血統的青木，具有東方的神祕感和西方的個性美，長的有如古瓷娃娃，圓圓的臉蛋，略為上揚的眼睛和小小的嘴巴，她是以前從不曾出現的模特兒類型，第一眼看到不讓人覺得美，但絕對印象深刻，在卡爾拉格斐（Karl Lagerfeld）的提攜之下，青木一炮而紅，她在電影《萬惡城市》中飾演日本殺手，冷艷造型引人注目。獨特個性美已是這年代名模的必要條件，大陸名模呂燕更是證明了這一點，這位來自江西礦工家庭的女生，長得小眼塌鼻厚唇，還帶著點兒土氣，完全符合醜女的條件，誰都沒料到她會在二〇〇〇年巴黎的超級名模比賽奪得亞軍，更因此躍上國際舞台，在西方人的眼裡她可是深具東方特質的美女，在一片東方熱的時候，呂燕以獨特的長相獲得國際時尚界的青睞，東方人長期以來習慣以西方的標準來界定美女，要高鼻子大眼睛，但這類的美女西方國家就有一大堆，反而具有強烈東方特質的女生備受青睞，這一點恐怕連呂燕自己都沒料到。

名模的標準瞬息萬變，八〇年代流行漂亮寶貝型的模特兒，大家都像一個模子刻出來的，時至今日與眾不同的特質變得最為重要，能擁有東西方多種血統的美人特別吸引人，也許有一天，長有三個眼睛兩個鼻子的外星人才能符合怪異時尚圈對超級名模的期待。

誰是下個百萬名模？

林志玲所掀起的名模現象持續發燒，我的舞蹈老師在西班牙待了二十幾年，最近回國聽到「名模」一辭滿天飛，還以為大家已不再用「模特兒」一辭，通通改以「名模」稱呼，就是所有的模特兒都是「名模」啦，可見模特兒這個行業現在是多麼都有「名」了！

「妳認識林志玲嗎？」「林志玲為什麼這麼紅？」「妳覺得林志玲漂亮嗎？」林志玲儼然成了大家茶餘飯後的最佳八卦話題，無人不知，無人不曉。電視節目在訪問其他模特兒時，少不了也要問一下對林志玲的看法：「會不會想成為像林志玲那樣的模特兒？」「妳覺得自己跟林志玲相比如何？」很多人都想知道「為何林志玲那麼紅，她真的有那麼美嗎？」。審美本來就是很主觀的，林志玲到底美不美是見人見智，但她甜姐兒般的外型和嗲嗲的嗓音，的確很符合台灣男人的喜好。曾經有本八開雜誌在名模風尚未吹起時，就想大膽採用模特兒當封面（當時都以明星當封面），那個時候「名模」還不為大眾所熟知，像林嘉綺、陳思璇……等人在模特兒界已有高知名度，但是對一般人來說，還是十分陌生的名字。當這家雜誌提出這個構想，並將多位名模的照片拿給上層決策人員時，據說大部分的人都獨鍾林志玲，對她的照片印象深刻，覺得她真的很漂亮。我身邊的男性友人對林志玲也都抱有好感，即使不是非常喜歡，也不至於討厭，所以林志玲也許不是國色天香，但的確是有她獨特的魅力。

其實林志玲從事模特兒的行業已經有七、八年，但真正竄紅也只是近幾年的事。林志玲有非常好的身家背景，多少對她的事業發展有些影響，再加上林志玲的高學歷、得宜的談吐，極具親和力的形象，面對媒體時的高EQ表現，讓她博得不少版面和報導，更成為代言廠商的喜愛。能擁有這樣天時、地利、人和條件，要不紅也難。

隨著林志玲走紅，媒體就不斷炒作「林志玲接班人」的話題，林志玲拍廣告墜馬受傷，不少人覬覦「第一名模」的位置，但顯然並沒有人能取代她的位置，傷後復出的林志玲仍穩坐第一名模的位置。很多少女夢想成為林志玲，能夠每天美美的出現，賺入大筆鈔票，但是林志玲走紅並不只是單純的長得漂亮，偏偏很多人老是搞不清楚重點，陷入一種

「我長得並不比林志玲差，一定能像林志玲那樣紅！」的迷思之中。

其實炒作「林志玲第二」、「林志玲接班人」的話題多少有搭順風車之嫌，大家都想看看是誰在跟林志玲比較，媒體因此也樂於報導這樣的話題。林志玲墜馬受傷之後，對於事業的態度顯然有些轉變，幾次傳出想要休息，雖然都是誤傳，但也看的出第一名模想要放慢腳步，多爭取自己的時間做自己想做的事，可見「第一名模」的光環雖然閃亮，但所背負的壓力也不小。林志玲所帶起的名模風，不可諱言連帶造福了所有模特兒，模特兒所受到的重視和享有的待遇是前所未有的，我想造成林志玲走紅的種種條件，以及她所形成的影響力，一般人是很難具備和達到的，這不但是前無古人，以後要再出現恐怕也很難了。

模特兒 祕密檔案

有一次週刊拍到成龍來台時，為他接風的私人party上，出現某家模特兒經紀公司的老闆率領一群模特兒與衆人同樂，事後有三位模特兒擠進成龍的座車一同離去，顯然是急於得到大哥青睞。掃興的是，如這篇報導所言，該公司的大牌名模沒一個露臉，來的全是些名不見經傳的小牌貨色，讓在座嘉賓頗感失望。也許是經濟不景氣，據說很多模特兒經紀公司也開始經營「副業」，由經紀人帶領旗下模特兒陪吃飯，酬勞一人約一萬元，經紀公司抽四到五成，由於既可賺錢，又可與企業名流連絡感情，無怪乎經紀公司趨之若鶩。

有些經紀公司除了帶模特兒出去吃應酬飯之外，也會利用各種名目自己舉辦狂歡party，受邀者都是些有頭有臉的人物，公司這邊則暗示模特兒一定要出席，說是暗示，其實是以下一年度的工作來威脅。大型的模特兒經紀公司之中，真正收入優渥的大牌模特兒很少會參加應酬的場合，她們不但是搖錢樹，自己也不需要這類收入，除非是自己愛玩，但是對默默無名的小模特兒來說，有時候恐怕沒什麼選擇餘地。基本上經紀公司會將模特兒加以分類，有些模特兒確實靠走秀或拍廣告替公司賺錢，其餘的就歸類到「其他用途」，算是讓大家各得其所。有位秀場導演因為自己曾投資酒店，私下便時時慫恿公司裡坐冷板凳以至於沒有收入的模特兒到她的酒店兼差，有些經濟上有困難的模特兒，真就聽了她的話下海陪酒。

台北有很多夜店都很歡迎模特兒來捧場，畢竟有美女聚集更能吸引客人上門，在這種地方玩到深夜，免不了會有很多人想有下一步的接觸，曾經有位當紅名模，因為很愛到夜店玩，當時就傳出她有陪人過夜的謠言。早期台北有家著名的disco pub，也是很多模特兒喜愛光顧的熱門場所，這家舞廳在內部另設「夜總會」區，專門提供企業家前來玩樂，有些模特兒幾乎天天晚上泡在這裡，後來這家舞廳的股東乾脆自己出來開設模特兒經紀公司，當年陪著玩樂的模特兒，如今在公司都擁有不錯的地位。

模特兒真的是看天賞飯吃的工作，比如說雖然有美麗的face、旺盛的企圖心，但是如果身高不夠，就是上不了伸展台，或是身高夠，但比例不對，腿短上身長，能走秀的機會也不大，至於拍廣告，則一定少不了開麥拉face，但少了身高限制，競爭可說是非常激烈，台灣就那麼一丁點兒大，工作機會就那麼多，僧多粥少的情況下，想像中日進斗金、買名牌華服、配戴新款首飾、出入高級娛樂場所這種生活，根本難上加難。

很多年輕女孩在學生時代就開始兼差做模特兒，以學生來說，模特兒的確是一個不錯的工作，時間彈性，時薪又遠遠高於在速食店、超商或是加油站打工之類的工作，學生的開銷多半簡單，家人多少也有照顧，模特兒的收入對學生而言可能就綽綽有餘了，但是當妳一旦畢業，開始做全職模特兒時，就不是那回事了，以前工作有一搭沒一搭還好，反正是以讀書為重，但既然畢了業，當然得努力賺錢，然而很多學生模特兒畢業之後，也很難放棄模特兒的工作，這是很多模特兒的問題，一旦做了這行，大部分很難再去適應其他的工作，結果就在這行一直浮浮沉沉到年華老去，心急於錢越賺越少的情況下，難免會心動於其他輕鬆賺錢的方式。錯以為專職模特兒是個賺錢行業是太過天真的想法，事實上很多人只能將模特兒工作是一種興趣，往往還得靠家裡有經濟支撐來當靠山哩！

即使是看來專業的模特兒經紀公司，也常安排模特兒應酬的工作，但從不走旁門左道的模特兒也還是有，這要看個人的心態，我說過模特兒的工作錢難賺，號稱有百位名模的經紀公司，真能賺到錢的也不過十來位，其餘的就只能坐冷板凳，通常這類模特兒就是公司動員吃應酬飯的對象，很多模特兒覺得不過是吃喝玩樂一番就有錢賺，何樂不為？有些模特兒還是這類活動的常客，有時一天可以吃它個三場，光靠陪吃飯就衣食不缺了，模特兒工作反倒變成副業，繼續做模特兒，不過是維持住這個用來吸引人的頭銜罷了。

會指定模特兒前來「陪客」的party多半是在企業家的私人招待所，這些有錢的小開，多會指名要某些經紀公司的模特兒出席，經紀公司多半也不會拒絕。我還是新進模特兒的時候，接過一個房地產的剪綵通告，之後參與的模特兒都被留下來吃飯，原本還以為是犒賞我們辛苦的聚餐呢，後來見到同桌的還有許多生意人，甚至還有好幾個知名女藝人，才明白這是陪吃飯，經紀人根本也事先知情。生意人找模特兒陪吃飯已經是家常便飯的事，覺得美女作陪才有氣氛、有面子，但論到長期包養，我們這種走伸展台的模特兒反而不怎麼受歡迎，畢竟要包養，還是得小鳥依人、白白嫩嫩、胸部豐腴又愛撒嬌的女人有市場，伸展台模特兒多半身材高大，胸部平平，很多雖有標準衣架子身材，臉蛋卻不怎麼樣，尤其是伸展台模特兒時興相貌越怪異越有味道，這樣的女人帶在身邊也很奇怪，反而多半是拍電視廣告或平面雜誌的甜美女孩較受富商的青睞。

曾有一位資深名模說過：「對男人而言，一般女人只是普通品牌，而模特兒就有如名牌。」很多男人有了錢之後，就想用「名牌」來襯托自己的身價，所以總會想辦法認識些女藝人、模特兒、空姐之類的。在台灣專門從事這類仲介交易工作的人還不少，有位已婚的香港富商，以包養紅牌女星聞名，他特別喜歡一些容貌清秀、皮膚白皙的台灣女藝人和模特兒，曾有位拍化妝品廣告的年輕女孩，就是被這位富商在電視上一眼看中，透過他專門派在台灣物色女人的仲介人電話聯絡，讓彼此認識的，據傳首次見面這位富商就慷慨給了一大筆錢，這位女孩不久就為他懷孕生子。

模特兒工作的確比一般人要容易吸引有錢有勢的人，很多女孩子可能只是在知名的模特兒經紀公司上過幾堂課，就會跑到外頭大肆張揚自己是這家公司的模特兒，以拉抬自己的身價，她們並非真想從事模特兒的工作，只是以模特兒的頭銜做為釣金龜婿的籌碼。由於自稱模特兒的人越來越多，有人笑說，忠孝東路的招牌砸下來，十之八九會砸到模特兒，量一多也就不值錢了，聽說很多有錢人都已經把目標轉移到女主播身上了。

國內目前掛名「模特兒經紀」的公司，算起來也有三、四百家，但真的有在幫模特兒接服裝秀、電視廣告或平面攝影的專業經紀公司，可能不到三十家，其餘的都是些掛羊頭賣狗肉的騙人公司，營利項目不外是騙騙模特兒訓練費、索取拍攝資料照的錢，或是要求繳交保證金，當然其中也不乏專營色情仲介的公司。最近我還聽聞有些經紀公司專營所謂的「遊艇娛樂仲介」，安排模特兒陪客人到海上遊憩，遊艇上的娛樂項目琳瑯滿目，應有盡有，包括各種賭博遊戲，只要價錢談攏，模特兒也會陪客人進房間交易，也有不少經紀公司會遊說模特兒，這行剛開始並不好賺，模特兒又需要花很多錢購買行頭，若能找個金主贊助，事情就容易許多，將來若是要走演藝圈，更是少不了這種金主，很多女孩聽了都會心動，這類的誘騙行為，一大因素是取決於模特兒的虛榮無知的心態，看清楚真相是很重要的，有些女孩子一心一意想要當模特兒、闖演藝圈，完全不考量自己是否有足夠的外在和內在條件，以為只要肯犧牲有人捧就能成功。我有一位做模特兒經紀的朋友，就見過女孩子來應徵的時候，一見面就脫衣服，表示自己肯脫，不怕露，讓我的朋友哭笑不得，又

雖然模特兒的工作內容的確非常有趣，但是要在這個圈子生存下去就不那麼有趣了，不管是模特兒或藝人，除了專業的技能之外，還必須擁有強大的抗壓能力，有的時候也要靠點兒機運，以我自己來說，一直覺得這個環境很不適合自己的個性，很多時候除了挫折之外，往往也對現實中許多惡質的事情感到失望，若非實在喜歡這份工作，喜歡舞台上的感覺，喜歡由自己去詮釋服裝美感的喜悅，哪裡能繼續撐下去。想從事這份工作的人，必須先想清楚自己要付出的代價才行。

Chapter 3
in action
實戰

在台灣，模特兒的工作機會一向僧多粥少，

模特兒為了要多賺點錢，什麼五花八門的工作都得做，

別以為你是頂尖的模特兒，就只挑名牌設計師服裝秀來走，

那樣就太天真了。

服裝秀的第一次

我第一次正式走服裝秀是在花蓮的遠東百貨公司，雖然之前在學校和其他地方也有過服裝秀的經驗，但那都是part time工作，這次是我成為專職模特兒的第一次正式服裝秀，我緊張到前一天晚上睡不著覺，半夜跑起來清點該帶的東西，一直到清晨五點多，睡眠不足，兩眼惺忪的我，匆匆忙忙的拎著大包小包直奔松山機場（好久的事了，想當時還有飛機可坐呢！），到達機場，我看時間還早，先到機場咖啡廳吃個早餐，「這麼早的通告，大家應該會珊珊來遲吧！」因為睡眠不足而行動遲緩的我，一面慢吞吞的吃早餐，一面這樣想著。才剛進模特兒圈的我完全搞不清楚狀況，殊不知「準時」是模特兒基本守則，因為所有的工作都是幕前、幕後人員團體合作的成果，一個人遲到，往往會影響到整個工作進行，所以模特兒絕不能遲到。經紀公司對於遲到是施以重罰，十五分鐘之內是寬限期（難免有些交通狀況），聽說以前有一位當紅模特兒，因為工作趕場，結果發生嚴重車禍，住院療養了好久，這十五分鐘寬限期，就是因此而來的。十五到三十分鐘罰五百元，超過三十分鐘罰一千元，遲到更久，我想你可能就被除名了。

等我吃完早餐趕到集合地點，發現大家早已到齊了，我被學姊訓斥了一頓，自知理虧，連忙陪不是。上飛機之後，本想小睡一下，但也睡不著，因為吃過早餐了，就把飛機上的餐盒收起來。

短短二十幾分鐘我們就到了花蓮，當天是個艷陽高照的日子，太陽非常刺眼，大概因為前一晚睡眠不足，有一瞬間我覺得頭都暈了。一下飛機，我們就直奔遠東百貨準備彩排。當我看到表演場地時，大大的鬆了一口氣，舞台比我想像的小得多，場地是樓面某個角落圍出來的。對新人來說，這是很好的磨練機會，從小秀開始培養實戰經驗。模特兒就定位之後，導演開始講解動線，速度非常快，大家開始奮筆疾書，埋頭在她們的小筆記本裡，只有我一個人開始發愣，「導演在講什麼啊？是一種外國語言嗎？」「什麼是走一、走二？」「中台回伸是什麼？」我感到一頭霧水，等導演講完了，我的筆記本還是一片空白，當導演問大家：「有任何問題嗎？」我立刻舉手大聲回答：「對不起，我完全不知道在講什麼。」現場立刻一片死寂，我的汗慢慢的從額頭往下流，「我講錯了什麼嗎？可是我真的聽不懂啊！不懂不是應該發問嗎？」我看到導演面色凝重，有兩個學姊立刻拉著我說：「沒問題啦！我們會教她的。」接著模特兒紛紛到後台，開始準備化妝。

到了後台，一位好心的學姊告訴我，廠商在現場，不可以講剛才那種白痴話，接著她問我：「不是聽說你有走過秀嗎？為什麼妳都不懂呢？」我確實走過秀，可是我從來沒聽過這些「術語」，我硬著頭皮一一請教學姊，可是大家都很忙，我也要趕快開始化妝才行。那天的太陽好大，我看著鏡子裡的自己，透過窗戶，陽光照在我的臉上，我顯得蒼白而浮腫，有種絕望的感覺。

如果說服裝秀後台大家都一片和樂融融，實在很矯情，模特兒各有各的心思，有人總是冷眼旁觀，等著看好戲。我對於搞不清楚如何「走」的事，十分慌亂，但並沒有人伸出援手，期待別人幫忙，是我太天真，我匆忙的化完妝（很糟的妝，但對新人的我來說，已經是極限了），抱著我的筆記本跑去問願意幫我的學姊和導演，好險那天的導演人還蠻好的，雖然臉色不好看，還是費心的幫我看了一次動線，我似懂非懂的記在我的本子上。等大家差不多梳妝完畢，開始準備最後一次的彩排。

彩排之後，我終於了解這些「術語」的意思，但是一下要記下這麼多東西實在很難，我告訴自己「就是走出去再想辦法走回來就是了！」經過這這些年走秀的經驗，每當stand by的時候，我心理就暗暗想著：「結束了，終於可以回家休息了！」一整天的準備就是為了這一刻，短短的二十幾分鐘，音樂開始時總讓人感到熱血沸騰，精神緊繃到極點，然後瞬間就結束了，老實說，秀的結束總是讓人有些失落感。

花蓮遠東的第一次作秀，算是勉強撐過了，我的表現是不及格，錯誤百出，但還好沒有跌倒或在台上表現出驚慌失措，這場秀對學姊來說是輕輕鬆鬆的小秀，事後大家還去花蓮市區買名產，我覺得好累，一心想著回家，在機場等待的時候，我拿出早上飛機上發的「早餐」，不知不覺中肚子變得好餓，我想起中午因為太緊張而沒吃任何東西，吃完「早餐」，我覺得元氣恢復了不少，我想著，以後再有機會走秀，表現應該會越來越好吧！

Casting 甘苦談

當模特兒是許多女孩子的夢想，自認不輸電視廣告和雜誌上的女生，以我的身材，走在伸展台上肯定也很耀眼！心裡這麼想著。現在許多模特兒都是十六、七歲便出道了，我卻是一直到撐到二十七歲才終於毅然決然的放棄原來上班族的工作，投入模特兒這個行業。模特兒這一行總讓人覺得不是個正當穩定的行業，這是事實，不要以為有機會入行便從此開始光鮮亮麗的生涯了。

當時週遭的一些朋友對我進入這一行，都覺得很不以為然，說模特兒是很不實際（而且不正當）的工作——其實到後來實際進入這個行業，每當我在職業欄填下「模特兒」三個字，或是在雜誌上被冠上「名模」的頭銜時，都感到十分羞赧。然而當時的我，是抱著再不嘗試，說不定以後會抱憾的心情入行的。

我簽入模特兒公司的第一件工作，與我想像中的模特兒工作，實在相去甚遠，是被派去擔任電腦展的接待小姐！老實說我還以為我馬上就可以拍電視廣告或是拍雜誌的服裝照呢！在台灣模特兒的工作機會一向是僧多粥少，模特兒為了要多賺點錢，什麼五花八門的工作都得做，從頂級精品的服裝秀，百貨公司的樓面秀、婚紗秀，電視廣告、平面廣告、到展覽會場的發傳單、舉牌子、跳舞、叫賣產品，工作項目可說是五花八門應有盡有。別以為妳是頂尖的模特兒，就只挑名牌設計師服裝秀來走，那樣想就太天真了。

我的第一件工作，就在整天發傳單和叫賣產品中度過，因為是新人，工作了五天才領到了寥寥數千元，讓我懷疑自己是否入錯行了。

模特兒的工作有淡、旺季之分，旺季多是集中在春秋換季時節，服裝品牌都會舉行發表會，是模特兒工作機會最多的時候。在每年旺季開始之前，經紀公司都會舉辦一場大型的選秀會（casting），邀請所有與經紀公司合作辦秀的廠商到場，挑選這一季參與作秀的模特兒，這一場casting幾乎全公司的模特兒都會出動，爭取廠商的青睞，以確保這一季可以有多一點的工作機會。Casting 當天模特兒必須穿著公司所規定的服飾，以黑色短裙和簡單的細肩帶背心為主。雖然清一色是黑色洋裝，但名堂可多了，個人可以自身的身材優缺點斟酌調整。大腿太粗的話，便以較長的裙子遮住最粗的部分，腰太粗或腰身太長，可以穿連身的衣服掩飾，盡量遮掩缺點展現優點，但是遮掩得太嚴重，反而弄巧成拙，讓廠商起疑身材太差。

第一次參加casting時，心情緊張到了極點，平常自己在家照照鏡子覺得自己身材還算不錯，擠在眾多美女中間時，卻一下子信心全無。為了那次casting我特意挑了一件細肩帶連身小禮服，上面還綴滿了閃閃亮片，自己覺得很得意。「又不是去參加舞會，搞什麼啊！」結果一拿出來就被公司的人罵個半死。悲慘的事情還沒結束，casting正式開始之前，我們先做彩排，什麼事都還沒做，就被公司的秀導海削了一頓。「妳以為自己很漂亮嗎？」「廢物！」「滾回家去，別在這裡丟臉！」我和幾位新人就這樣被罵到臭頭。後來我漸漸了解到，這種辱罵教育是經紀公司的一絕，對一些已經在這行打混多年的模特兒而言，早已習以為常，看到別人被謾罵時，也表現得好像沒事一般。模特兒的生存之道，是很複雜的。

服裝秀的 casting

對模特兒來說，不停的casting真是一件又氣又無奈的事，常常試了又試，到頭來白忙一場，但演出機會都需要casting，所以就算不停的被拒絕，還是得繼續下去，除非妳放棄走這一行。

Casting的過程往往是很慘烈的，尤其是服裝秀的casting：我還記得自己曾經遇過一位外國導演，很有氣勢的用手指著他沒選上的模特兒，毫不留情大聲的說：「I don't need you any more!」，雖然感覺很丟臉，大家也只能收拾收拾自己的東西黯然離去，有些模特兒眼淚都快掉下來了。

服裝秀的casting就是這樣。如果是廣告試鏡，頂多就是妳一個人去廣告公司，試完後就回家等消息，等不到就是沒錄取，也不會有什麼傷人自尊心的事出現，但是服裝秀不同，服裝秀常常是幾十個模特兒一起casting，之後當場就謎底揭曉，場面立刻是幾家歡樂幾家愁，沒被選上的模特兒只能自行離去，不僅如此，很多廠商的修養也未必好，對她們來說，挑模特兒就跟挑擺在架上的商品一樣，得好好品頭論足一番，在casting過程，甚至會當著模特兒的面討論起來，這個模特兒屁股太大、腰太粗、那個臉太醜等等，挑三揀四，好像在買豬肉一樣，遇到這種情況，千萬得耐著性子，不可露出一點兒不爽的表情，要不然可就前功盡棄了！

每次參加casting之前，我都會精心打扮，希望選上就能有工作（模特兒經紀公司可不發月薪，沒接到case就沒錢），常常出門前照鏡子照個老半天，覺得自己美得不得了，一定沒問題，但是到了casting 現場可就不同了，美女如雲，每個人都婀娜多姿，尤其是那些身高高人一等的女生，看起來充滿架勢，剎那間我就覺得自己矮人一截，信心大失，了無生趣。對於某些已有知名度，廠商也很熟悉的模特兒，casting 不過是個程序而已，十之八九她們都會被選上，casting 只是讓廠商看看她們身材有沒有走樣而已，所以遇到和這些名模一起casting 時，妳也只能盡力爭取除了她們之外剩下的名額，不過模特兒圈向來是長江後浪推前浪，有時候新秀輩出，反而擠掉了這些老面孔，遇到這種情況，資深模特兒也很尷尬，這個圈子就是這麼現實！

對於廠商來說，叫模特兒來試鏡是件很簡單的事，反正又不用付車馬費，不來是妳自己放棄機會，我曾經遇過好幾次試鏡時廠商遲到，有一次試車展模特兒，廠商時間改來改去，最後還是遲到，等了兩個多鐘頭，來了以後竟然還先吃飯，我們這些模特兒等了半天，也沒吃飯，又能如何，可沒人敢跑去責罵廠商，對他們來說，「不想等，就回家去啊，模特兒又不差妳一個！」真倒楣，我想他們從不會想到要尊重模特兒這個「專業」吧！

Casting是一種反覆磨練的過程，要試著讓自己以平常心待之，選不選的上，因素很多，有時候並非表現不好，只是剛好「型」不適合，隨時讓自己保持樂觀的態度，才有可能在這行出類拔萃。

廣告的 casting

我的第一次廣告試鏡可是費了心打扮——抱歉，講錯了，要試鏡的不是我，是我同學，我只是陪她而已，但從同學打電話邀我相陪的那一刻，我就陷入幻想「廣告公司的人第一眼看到我就驚為天人，決定用我當女主角，無心插柳柳成蔭，從此我一炮而紅，唉，這也只能說是天生麗質難自棄啊！」我一面細心打扮一面繼續幻想著「自己用一種很不在乎（其實巴不得大家知道）的輕鬆口吻，淡然的敘述自己的出道過程」，是雙魚座的關係嗎？有時候我的確是想太多了。

試鏡當天我盛裝出席，我朋友倒是一派輕鬆打扮，這樣的對比顯得我很可笑，覺得自己好像帶女兒的星媽，花枝招展，重點又不是我。試鏡的時候我極力的左顧右盼，晃來晃去，但廣告公司的人看都沒看我一眼，就這樣結束了試鏡。怎麼會這樣呢？電視上不是常有藝人提起自己被發掘的過程，都是「陪朋友去試鏡，結果朋友沒選上自己反而被選上」，該死，我就知道電視都是騙人的。

跑廣告試鏡讓我練就一身找地址的本領，台北的門牌號碼常常不按牌理出牌，三十四號未必接三十六號，可能直接就是三十八號，三十六號離奇失蹤，任你來回走八十遍也找不到，有時候妳辛苦的從一號走到五十號，眼看目標五十二號就要到了，結果此路只到五十號，五十二號則可能在某個神祕角落出現，要知道台灣的路可未必是直的，有的時候九彎十八橫過多條道路之後仍是同一條路，而同一條路的兩側有可能會出現不同的路名……總之，台灣道路的排列無奇不有，有的時候得憑直覺來找。也許是長期訓練的結果，某次我跟朋友相約去一家位於河岸的景觀餐廳，顧名思義這家餐廳應該在河邊，偏偏順著地址走卻越來越偏離河岸，我直覺反應有問題，但很難跟朋友解釋為何不對，結果大夥兒繞來繞去才找到這家餐廳，它果然在河邊，而且完全沒有好好的長在他應在的路上，而是另一條路的頂端，常聽人說台灣的郵差很厲害，可真是一點也不誇張啊！

廣告試鏡的內容無奇不有，到了廣告公司第一件事是填寫基本資料，其中年紀一欄特別需要「斟酌」填寫，年輕的時候遇到試媽媽的腳色，經紀公司會特別叮囑我年齡要填大些，後來年紀大了，有時候我反而會故意填年輕一點，免得嚇到人家，總之是以角色應有的年紀來衡量，我想廣告公司的人也知道資料上的年齡未必屬實，反正資料也是聊備一格，重點還是要看試鏡的效果。我第一次看到同學試鏡時嚇了一跳，想不到平日看來非常文靜害羞的同學竟能在鏡頭前蹦蹦跳跳，演戲跳舞樣樣都來，隨著自己試鏡的經驗增加，我發現自己也越來越行，記得某次我試一個餅乾廣告，到了現場導演竟要我即興演一場戲，主題是「以焦慮緊張的口吻跟別人訴說一件發生在你身上的事」，就這樣，大家準備五分鐘後開始，我從來沒遇過這樣的試鏡，我們又不是來考戲劇科，我後來硬掰了一段打電話訴說重要文件忘在計程車上的戲，同行的模特兒同事看的目瞪口呆，唉，這行做越久臉皮越厚，這個餅乾廣告出來後，跟我們試的主題毫無關聯，我就知道，這支廣告應該早已選好演員，我們只是去當陪客。

很多模特兒跑廣告試鏡跑到最後都意興闌珊，因為投資報酬率太差，每一次試鏡都必須按照角色的需要細心打扮，頭髮、妝、衣服都得打點，有的時候實在沒有適合的衣服，還得特別採買，像我衣櫥裡那些套裝和媽媽裝就全是為了試鏡而準備，我平常可從不會穿這樣的衣服。決定廣告演員的因素十分複雜，有的時候被選上的，未必是最適合的，廣告公司中意的，廠商不一定喜歡，有時候廠商早有屬意的演員，但反正試鏡又不需要付模特兒錢，再多叫幾個來看看也沒差，總之試不試得上除了運氣之外，背後牽扯到的原因很多，經紀公司背後的運作也很重要。我有個模特兒朋友，初期都以非常積極的態度跑試鏡，她認為就算只有百分之零點五的機會也要試試看，但是秋去冬來，經歷一次次在酷暑寒冬刮風下雨的天氣裡頂著大濃妝找地址的日子後，她決定還是回去當個上班族實在些，畢竟一分耕耘就有一分收穫，不會一天到晚做白工。

我跑的廣告試鏡不下百個，命中率只有百分之一，而且還不是主角，只是大堆頭演員中的一個，廣告出來多半只是模糊的一瞥，完全不會有人發現。我有個模特兒朋友有次試鏡好不容易中選，原因是他們需要一個能在水中睜開眼睛的演員，而她可以辦到，正式拍攝時，她足足在水中泡了一個鐘頭，泡到全身皮膚都皺了，結果廣告出來她的鏡頭完全被剪掉，她非常失望，唯一值得安慰的是錢拿了，但也不多。

拍廣告是很多女孩的夢想，以前我對這個想法非常投入，而且一心認為那種美美女主角的廣告才是「有水準」，結果被個導演潑冷水，他說：「廣告的重點是產品，又不是演員，演員只是用來推銷產品的，我認為『斯X』是很有效益的廣告，妳要不要拍啊？」當時我立刻傻眼，但後來想想實在很有道理，其實不只是廣告，我認為這番話對所有模特兒工作都是通用的，模特兒畢竟不是明星，能夠完美襯托商品的模特兒，才是廠商心目中的最佳「名模」。

賣場主持人的 casting

模特兒的工作現在是越來越多元化了，曾經我接過公司發的一個casting，是世貿商品展活動主持人，我從來沒做過主持人的工作，但自認講話條理清晰，臨場反應也不錯，希望應該蠻大，結果事實證明，我的想法太天真了，平常看別人主持好像很容易，等輪到自己頭上就完全不是那麼回事了。

試鏡的前一天晚上，我上網將廠商的資料仔細看了一遍，還寫了一篇講稿，自己非常得意，想想從前我在公關公司工作的時候，做口頭報告時也常被稱讚，這點兒小事兒應該難不倒我吧，沒想太多，我就倒頭呼呼大睡了。

第二天我拖著姊姊陪著我，循著地址找到這家廠商的所在地，是一棟非常雄偉的建築物，離馬路約有一百公尺，顯得非常氣派，我用快走的方式走到建築物門口，爬上寬大的階梯，我覺得這棟建築實在很像某種國家級的博物館，我在玻璃門外東張西望了一番，確定是這兒沒錯，才推動沉重的玻璃門走進去。

看看錶，比預定時間早了十五分鐘，我把昨天寫的稿子又拿出來讀了一下，模特兒陸陸續續到了，結果只有五個人，都是別家經紀公司的model，我全部都不認識，公關公司來了兩個人，我們被帶到貴賓室，這裡空間非常寬敞，正中央有個放花的小圓桌，四面靠牆擺著寬敞的沙發椅，氣氛很嚴肅，公關公司的人發給每人一張講稿，囑咐我們最好背下來，我看了一下稿子，雖然不長但要在這麼短的時間背下來，還是有些吃力，想想也只能盡力而為了。

時間一分一秒過去，大家都埋首於稿子，四周靜悄悄的，終於，「主考官」來了，是兩個女孩子，一個留著長直髮，一個則是捲捲的短髮，兩個人一來就一屁股坐到沙發上，短髮女生很自然的陷在沙發裡，長髮女孩一隻手肘抵著沙發旁扶手斜靠著，手裡拿著一隻筆，不停的用嘴巴咬啊咬，神情慵懶，擺著一種「好吧，讓我看看妳們有什麼能耐吧！」的神情。

五個模特兒之中我被排到第三個，我們需要走一小段台步，再做自我介紹，然後就是講先前發的稿子。我發現大事不妙，第一個模特兒就表現得十分優異，而且她有一大串的主持活動的經歷，稿子也很順暢的背下來了，我的自信心開始動搖。第二個模特兒沒有第一個來的活潑，但表現也算平穩，而且她還不斷強調，該廠商之前拍的平面廣告，模特兒就是她，現在這張海報還掛在外面的產品show room，我的心情開始混亂，想著要講些什麼來補充自己毫無主持經驗的漏洞，也許我該瞎掰一些經歷，可是掰得不好，搞不好會被拆穿，到時候就糗大了，另一方面我又為了背不下全部的稿子，感到緊張萬分，就在要輪到我的時候，突然進來一個模特兒，匆匆忙忙的她，表示自己因為今天的工作排得太滿，所以遲到，因為接著還有工作，可否讓她先試？這當然沒問題，我巴不得可以晚一點兒輪到我。

這個模特兒先是一鞠躬，為她的遲到道歉，接著當然又是一長串的主持經歷，然後她開始背誦起稿子來，但這並不是我手中拿的這一份，這是關於該廠商另一項產品的介紹，她自顧自的背完後就閃人了，現場的人都一頭霧水，聽說她接下來還有別的工作，她可真忙啊，老實說我也很想現在就落跑！

接下來輪到我了，走完一圈台步，我站定下來做自我介紹，我決定實話實說，但因為太緊張，我笑容僵硬聲音急促，當我說畢自己毫無經驗時，我看著大家的表情，我發現自己大錯特錯了，顯然我自以為誠實的做法非常蠢，我還以為會發生那種電視劇情節，她們會因為我的誠實而欣賞我，我真是個天真的白痴，「主考官」立刻就露出一種「懶得理我」的表情，我的心情開始下沉，我準備唸講稿，可是我太緊張了，我忽然什麼也想不起來，我脫口說出：「我必須要說的是……嗯……X品牌的X產品……嗯……」，我抬頭一望，發現大家都露出了一種不忍卒睹的表情，公關公司的人甚至頭都低下去了，我努力的把稿子講完，回過神來，才發現自己剛才頭都一直低著，我看到長髮「主考官」面無表情的看著我，短髮的則看著別處，我垂頭喪氣的回到座位，覺得大家一定認為我是個白痴，我已經不在乎最後一個模特兒的表現，那已經不重要了，但我依稀記得，她也沒我這麼蠢。

走出這棟建築物的大門，我覺得我的腿都軟了，後來還搭小黃回家，雖然安慰自己過去的已經過去了，記取經驗就好，但丟臉的感覺始終揮之不去，我問姊姊，當天在座的人

秀場日記

早上五點半我就醒了，搶在鬧鐘還沒有響之前，今天是做秀的日子，早上七點的通告，我把衣服穿好，前扣的襯衫和牛仔褲，重點就在上衣得要是前扣的，寬鬆領子的上衣也不錯，避免頭髮做好後不易穿脫。我在半睡半醒的狀態，努力將行李清點了一遍，值得慶幸的是今天是場大秀，不需要自己化妝，也不用自己帶鞋子，行李因此輕便了不少，避免換衣服沾染到臉上妝容的頭套、鏡子、打底妝用的簡便化妝品（怕模特兒人數太多，化妝師會要我們自己先打粉底）、絕不可缺的大披肩（不管多熱的天氣，相信我，後台都跟冰庫一般），最後是一本用來打發時間的書，書的種類很重要，愈有趣易讀愈好，在後台不可能讀得了什麼嚴肅的書，漫畫雜誌也挺不錯，不過太容易讀完是個缺點。我今天挑了《穿著PRADA的惡魔》，這是本通俗有趣的小說，內容還牽扯到美國時尚界的八卦，真是完美的選擇，最後是我的相機，多留些回憶相片總是好的。一應俱全，看看時鐘，五點五十分，該出發了。

走在路上，人很少，多是一些趕著上課的學生，讓我想起了以前當學生的時光，每天天沒亮就起床趕公車上學，到學校屁股一坐到椅子上就開始考試，唉！好討厭的感覺啊！六點差幾分，早餐店才正要開門，看來是來不及買了，先搭公車再轉捷運，到站之後，終於找到了早餐店，太美好了，沒吃早餐一天工作都會沒力，捷運站離表演的場地還有一段距離，不知該搭那班車，最後選擇搭小黃，這是最不好的選擇，模特兒經常東奔西跑，如果養成搭小黃的習慣，就虧大了。六點四十五分，我早到了十五分鐘，不過到了後台，早就人聲鼎沸，化妝師、髮型師和所有工作人員都已經先到開始工作了，我們這些模特兒，顯然算是輕鬆的一群了。我拿出我可愛的早餐，開始盡情的享用，看來這些工作人員，不但早早就來了，可能連昨天晚上都忙到很晚吧，真辛苦！有些模特兒六點就已經來化妝做頭髮了，這中間有好多外國人，台灣模特兒跟外國模特兒被各自分開到房間的兩側休息，中間擺了兩張大桌子，是化妝髮型專用區，這就是今天我們要待上一整天的地方，跟很多的後台相比，算是挺不錯的了。

之所以會發這麼早的通告，是因為這場秀之前既沒有試裝也沒有彩排過，就在我頭髮上好捲子，導演宣佈衣服已經運到現場，模特兒迅速集合開始fitting。等大家一字排開，我才發現今天模特兒人數真多，應該有五十位吧，其中外國人佔了將近三分之二，現場瞬間變成了小聯合國，這些外模來自不同的國家，以東歐佔最大多數，其中也不乏美國人、法國人，我問一位來自加州的女孩是否還是學生，她咯咯笑個不停，覺得我這問題很怪，連她身旁的朋友都笑了，我不太明瞭這個問題有何笑點，她們看起來都好年輕，會遠從美國來這裡當模特兒很奇怪，我以為她是來台灣學中文，順便打工當模特兒，誰知道她宣稱自己是個職業模特兒，我上下打量了她一下，覺得在台灣她可以稱得上是個模特兒，但在競爭激烈的美國，讓人懷疑她能找到什麼像樣的模特兒工作，但不管如何，在台灣她們的外型條件還是十分優秀的。

Fitting的時間似乎永遠無法結束，模特兒人數實在太多了，這些外國模特兒一直喋喋不休個不停，她們永遠沒辦法排成一直線，跑來跑去嬉鬧成一堆，我的前後左右都是外國人，吱吱喳喳聊得非常起勁，我開始有種錯覺，覺得自己才是身處異地的外國人，我開始覺得頭昏耳鳴，時間一分一秒的過去，門口來了一群新的外國模特兒，是模特兒人數不夠嗎？我很好奇，後來才知道有模特兒被換掉，真慘，這個工作就是這麼現實，心臟不夠強，可能無法承受一天到晚被人這樣挑三撿四，不知道什麼原因，廠商就是臨時覺得她不適合，唉！窗外雨愈下愈大，fitting在漫長的吵雜聲中終於結束了。

四點整我們才開始正式彩排，五十個模特兒都被集合在舞台上，大家鬧哄哄成一團，導演聲嘶力竭的在喧鬧之中大聲的用中英文講解動線，我覺得只要夠高的外國人，大概都可以來台灣當模特兒，就算她們台步走得很糟，套句我朋友看到外國模特兒走秀的結論，「像ㄚ環偷穿小姐的衣服走路」也沒人會在意，重點是她們隨便哪一個，身材和臉蛋都比大多數的台灣模特兒優，很多設計師甚至覺得用外模感覺很「國際化」。

彩排在時間壓力之下草草結束了，關於最後謝幕的部分，因為來不及彩排，大家都搞不清楚到底要怎麼走，衆說紛紜，我倒是不擔憂，跟著前面的人走就是了。離正式演出只剩兩個多鐘頭，進入最後警備狀態，我們還有最後一套衣服沒有試穿，當衣服運到後台時，我看得眼珠子都快掉出來了，這些衣服真是美呆了，壓軸的衣服果然是最美的。

我的頭髮和妝幾乎完成了，我很不喜歡拖到最後，所以趁早就去化妝髮型師那兒排隊。還記得某次做秀就剩下我和另一個模特兒還沒做頭髮，排在我前面的這位模特兒，故意拖拖拉拉、嫌東嫌西，等到我幾乎要來不及了，有些模特兒就是心機重！

在大家對「謝幕」的部分還不甚清楚的時候，秀就已經開始了，結束時，我跟隨前面的模特兒在舞台的前方右側站定，時間一分一秒過去了，奇怪大家為什麼都沒有要退台的跡象？我的腿開始麻木，這時候我發現導演在前方控制台上大力揮手，看起來不是針對我們這組模特兒，接著不只導演，另外兩位工作人員也開始在前方大力揮手，我想觀眾搞不好也開始發現事有蹊蹺，終於，模特兒開始緩緩移動，燈光暗，觀眾開始鼓掌，燈光再亮的時後，模特兒開始依序退出舞台。

後來我才搞清楚，原來是最後一組模特兒站錯位置，擋到舞台中央，結果所有模特兒都「無路可退」，只能站在台上乾等。雖然如此，秀還是順利結束了！

當一切結束，我扛起笨重的背包準備回家時，外頭已經一片漆黑了。雨愈下愈大了，我感到疲憊萬分，還參雜著些許失落感，觀眾已經都離開了，只剩下工作人員在整理場

千變萬化髮型秀

記得第一次做髮型秀的時候，我還是是個新人，當髮型師一刀將我的瀏海剪得超短時，我還覺得這個髮型挺時髦的，後來才知道大事不妙，我的超短瀏海讓日後所有造型師都感到煩惱不已，我終於明白為什麼大部分的資深模特兒都不輕易接髮型秀，除非是單純的做造型——不燙、不染、不剪。

髮型秀往往要比一般的秀辛苦許多，前置作業的時間也長，髮型師要先確認模特兒的頭髮狀況，跟模特兒溝通要做的髮型，這個部分很重要，如果妳有任何意見都要在這時候提出來，一旦確定造型，以後要修改就難了。所有需要染燙的部分都必須在事前處理好，髮型秀當天只會處理造型。所以一場髮型秀需要模特兒參與的部分，往往需要三到四天，比起其他服裝秀來說，所花的時間要長得多。

我參與過的髮型秀都是美髮用品廠商舉辦的，這些美髮產品多半是走專業路線，以美髮沙龍為主要的銷售通路，髮型秀會和不同的造型師合作，國內國外都有。我印象深刻有次和一位日本來的設計師合作，他在日本曾是安室奈美惠的專屬髮型師，直說安室的臉好小好小，我問他對台灣印象最深刻的是什麼，他立刻回答：「台灣的女孩子好漂亮！」我又問：「除此之外呢？」他想了一下又說：「台灣女孩子真的很漂亮！」我笑著表示怎麼除了女生還是女生，他很認真的說：「誰叫我是stylist呢，我的注意力就是會在女生身上！」這樣講來也是很有道理，這位設計師不但技術好，而且還非常溫柔，會非常小心的不要拉扯到模特兒的頭髮，除此之外，他還透露了一個小八卦，說某位知名日裔國際名模的脾氣非常壞，做頭髮時稍微弄痛她，她就會立刻發飆，是個被寵壞的大小姐！

髮型秀都會有個橋段稱「on stage」，是由髮型師在台上當場幫模特兒剪頭髮，這種表演主要是秀髮型師俐落的刀法技術，滿足觀眾對模特兒變身前變身後的好奇，資深模特兒都不輕易碰這個工作，要被剪頭髮已經很慘，更何況台上又沒鏡子，誰知道會被剪成什麼樣子，我曾經有過一次這種恐怖經驗，當時合作的是一位法國設計師，我們一共有三個模特兒要在台上被剪頭髮，事先我就千拜託萬拜託這位設計師，千萬不要把我剪成短髮，另外兩個模特兒也都戰戰兢兢，設計師為了安撫我們，上台前特別透過翻譯輕鬆的說道，自己最喜歡很有女人味的女人，他又不是gay，不會把我們頭髮削短弄成男生的樣子，要我們放心。事到臨頭想太多也沒意思，所以第一個模特兒上台的時候，我乾脆在後台閉目養神，過了一會兒，一直在簾幕後偷看的模特兒忽然大聲喊我：「快看，快看，她的頭髮被剪短了！」我急忙跑去伸頭一看，果然，我和另一個模特兒面面相覷，這下好了，我再也坐不住，跟另外一個模特兒焦慮的在後台來回踱步。第一個模特兒終於回來了，我仔細打量了她的頭髮，雖然是剪短了，但剪得很漂亮，不過這個女生還是很傷心，說她在台上就覺得頭髮被剪短了，差點淚灑現場，我們都安慰她頭髮很漂亮，很適合她，但她依然很傷心。第二個模特兒本來就是短髮，但她還是很緊張，不知道她緊張什麼，女生對頭髮真的很在意，其實我並不是惜髮如金的人，但留頭髮很費時間啊，而且那時候也不流行王菲的小平頭了，也許我該考慮買頂假髮，就不會為了頭髮的事那麼煩了，想到這我有些生氣，因為跟這家經紀公司沒簽約，才被分到這個倒楣的工作，本來我是堅持不接的，可是設計師很堅持不肯換人，搞得我現在緊張兮兮。第二個模特兒回來了，短髮剪短髮，我覺得沒台，問我是否滿意，我回答很喜歡，這位設計師聽到顯然很得意，法國人果然不同，不會亂整女生的頭髮，我常常看到這類的秀，有些自認很前衛的設計師會把模特兒的頭髮剪得很怪，一邊很長，一邊短到耳朵以上，要不然就是剪成香菇頭，是因為香菇頭很能顯示髮型師的功力嗎？我其實很不以為然，現實生活裡，可沒幾個女生會想要自己是香菇頭。

雖然當天我的頭髮很漂亮，但是回家之後我就發現，經過這一番折騰（之前還是有染燙），髮質全壞了，洗過之後一團毛躁，之後經過了一年多的時間，頭髮狀況才好轉，我說過自己不是惜髮如金的人，倒也沒有十分在意，雖然毛躁的頭髮十分難整理，不過就當是賣髮賺錢吧，模特兒的工作不就是這樣嗎！

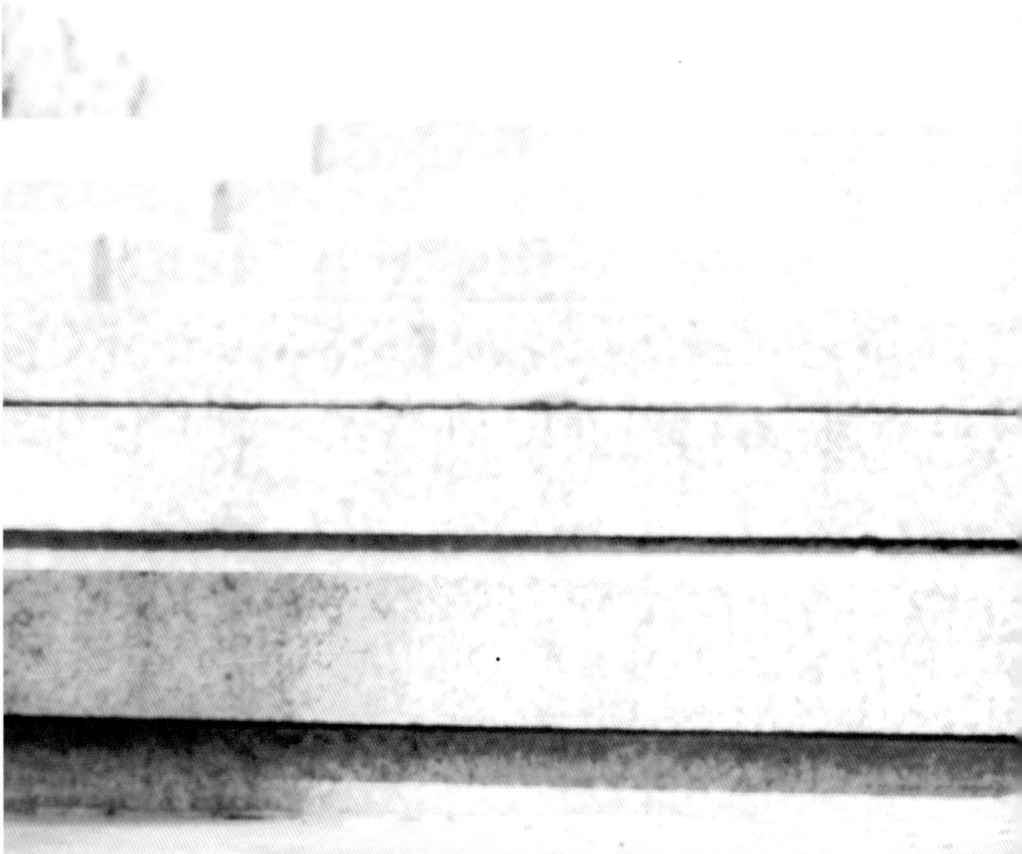

Chapter 4
curtain falls
謝幕

搬來第一年我還零星的接了些模特兒工作，

生病之後就停了，

山上養病的日子很安逸，腦袋放空後，很多道理變得清晰起來，

模特兒的工作已經變得遙遠而模糊。

刺青與我

二十五歲那年我決定去美國遊學，我選的學校在美國各地有許多分校，當初翻閱簡介時，一心想去聖地牙哥，理由有兩個，一、那裡最便宜，二、那裡的宿舍蓋得像飯店一樣，還有標準游泳池，讓人看了非常心動。我也曾考慮過紐約，但是紐約分校在長島，離曼哈頓市區有一段距離，並不是很方便，想想還是算了。最後我去了波士頓——所有分校中最貴的、沒有游泳池、比起長島，離曼哈頓更遠。波士頓被選上的唯一原因，是因為我叔叔住在那兒，有人照顧我爸才放心。

我們學校說穿了，不過是一棟大樓中的一層樓，這樣要說是「學校」實在有點牽強，倒蠻像是補習班的，雖然如此，我還是很喜歡這裡。這裡就像小型的聯合國，有從各個不同國家來的學生，很大一部分的同學來自拉丁美洲國家，其次是韓國，還有……你絕對想不到的——俄羅斯，不過他們大部分都十分冷漠，跟超級活潑的拉丁國家同學形成強烈對比。

有次上課的時候，老師提到「tattoo」這個單字，隨即問大家誰身上有「tatoo」，一位來自阿根廷的年輕女孩，立刻跳出來背對著大家，把上衣下擺翻起來，我看到她背部腰上的刺青，是個抽象的圖案，像翅膀一樣往兩旁伸展，真的很美。那個時候台灣還沒有開始流行刺青，大家對刺青的想法還停留在刺龍刺鳳的黑道人物，總之，刺青是一件很不正派的事。可是，眼前所看到的刺青，卻讓我覺得美得不得了。我對刺青的想法開始改變，「我也要刺青！」我想著。

回台灣沒多久我就開始專職模特兒的工作，我對模特兒這份工作本身並不討厭，但對於經紀公司內部的人事鬥爭卻深感厭倦。我被公司歸類為甜美型的模特兒，一直以來我都是給人這樣的印象吧——常傻笑的柔弱女生。曾有一位秀導說我的「笑容」就是我的殺手鐧，我想這是一種讚美，但偏偏在我的潛意識裡，對於「甜美」兩字十分反彈，從小到大所有的人都希望我是個「甜美的乖乖牌」，如果我表現得強悍一些，很多人都會不以為然，我知道維持「傻瓜兮兮的甜美」模樣最受大家歡迎，但我的個性並非全然如此，不知如何協調這種外表和內心衝突的我，對「甜美」這個形容詞，已經到了深惡痛絕的地步。

模特兒的工作進入第三年時，我覺得一切都越來越模糊，我的發展並不順利，歸根究柢，我知道自己的個性並不適合這個圈子，但我一直賴在這裡混日子，有一搭沒一搭的接著工作。某天下午一個人到西門町逛街，這個時間人潮並不多，晃到西門新宿，只有零星的商店營業，這裡的店家常常很晚才開始營業，晚上才是真正熱鬧的時候，現在只讓人覺得異常冷清，我隨意逛著，忽然間被一家店給吸引住了，這是一家「tattoo salon」，大門關著，看不到裡面，我仔細端詳貼在玻璃櫥窗上的照片，都是那些來這裡刺青的人所留下的照片，看著看著想起了在波士頓的那個阿根廷女孩，「想刺青」的想法瞬間又湧上心頭。這間tatoo salon的內部很小，牆上也都貼滿了刺青圖案的照片，本來客人來都需要預約，但當天剛好預約的人沒來，所以我想都沒想就決定要刺青了，感覺事情發生的很突然，我姊常說我做事總是不考慮清楚就魯莽行事，刺青是一輩子的事，而我就這樣「做」了，其實我不覺得這是倉卒決定的，事實上想要刺青的慾望早就在我心裡醞釀很久了。

我選擇刺青的部分是在脖子後面，我覺得女人的這個部位很性感，日本女人穿和服時，雖然全身捆得像粽子一樣，毫無曲線可言，但唯獨在脖子後方，衣領突起的地方，順著挽起的髮髻往下，裸露一小塊兒肌膚，將女人脖子這裡的美好曲線展露無遺，引人無限遐想。確定了我想刺青的部位，我跟刺青師傅討論圖案，我不喜歡具體的圖像，覺得看久了會膩，我希望是抽象的圖騰，順著肩膀兩側開展，刺青師畫了幾個圖案讓我挑選，很快我就決定了。刺青的過程一共花了將近三十分鐘，每個人都問我當時會不會很痛，老實說我並沒有什麼感覺，事情似乎在瞬間就結束了。

我的刺青讓經紀公司非常震驚，事實上我的模特兒生涯因為這個刺青，也差不多完蛋了，沒幾個廠商能接受模特兒身上有刺青，一般人對刺青的印象也不好，很多人都覺得我做了蠢事，也許真是如此，畢竟模特兒的身體就是商品，必需維持最單純的狀態，才能適合任何商品，我知道當模特兒還去刺青是件莫名其妙的事，但也許在我的潛意識裡，我想掌握身體的自主權，而不是當個衣架而已。

早期有很多民族都會在身上刺上各種圖騰，或是穿孔及燒烙，那代表了各種象徵意義，同時也是一種裝飾，一種美。我看過一個日本綜藝節目，一位女藝人深入長頸族與她們生活一段時間，在這段時間裡，她也像其他族人一般，戴上層層的頸飾，這些圈圈是金屬做成，頗有重量，不過長頸族的女孩不覺得這是種折磨，相反的，戴得越多越漂亮。在與族人朝夕相處並深刻體驗當地的生活文化後，女藝人回日本的時間到了，離開的前夕，她將脖子上的圈圈一一取下，就在這時候，族中德高望重的老奶奶忽然急哭了，念念有詞的說著：「這樣都不美了！」我也覺得我的刺青是種美，而不是叛逆的表徵或跟隨流行的時髦玩意兒。

我刺青的時候是冬天，一直都穿著厚重的衣服，所以家人也沒發現，有天我媽終於發現，就問我：「這是刺青嗎，是不是弄不掉了？」我回答：「是。」之後我媽又追問：「永遠都去不掉了嗎？」我說：「是。」我媽不死心，最後又問了一次：「永遠都這樣了喔？」我說：「對啦！」我媽呆了一下，然後丟下一句：「醜死了！」就走了，從此以後我爸媽都對我的刺青都沒表示過任何意見，有時候想想，也難為了他們忍耐我這個不成材女兒。

刺青是一個開始，我慢慢的開始意識到，我根本就不適合當模特兒……

再見，我的模特兒夢

前兩天我打開電視看到某節目正在播名模選秀單元，現在這類的選美活動滿坑滿谷，有心躋身模特兒和演藝圈的年輕妹妹，參加選美活動可能還需要趕場。我小的時候大家對於選美這種事並不認同，覺得那是一種有違善良風俗的事，只有追求虛榮的女生才會對選美有興趣，中國小姐還是爭議了很久才開放，可是年輕愛美的我才不管這些呢，瞞著爸媽偷偷參加了一次這類的活動。這個活動是某化妝品廠商辦的，得獎的獎品是一盒該品牌化妝品，這家化妝品走的是開放架年輕路線，商品很平價，我想這一盒應該要不了多少錢，打開盒子之後發現這些化妝品的顏色都很奇怪，實在很讓人懷疑是賣不出去的滯銷品，比賽結束之後，我上了幾個綜藝節目，也有模特兒經紀公司跟我接觸，不過事情的發展就到此為止，我期待什麼呢？選上之後從此大紅大紫平步青雲？年輕的時候腦袋總是比較簡單。我記得比賽有一個項目，主辦單位將舞台設計成一間臥室的樣子，裡面擺放了鏡子、床、化妝檯、以及化妝台上滿滿的該品牌化妝品，參賽者要假裝自己在房間裡梳妝打扮並擺出各種pose，我當時可能太有表現慾了，在台上玩了好久，極盡所能的擺出各種撩人姿態，陪我參加比賽的姊姊在台下看了以後笑得東倒西歪，說我實在太誇張了，看起來很滑稽，而且滯留在台上的時間比別人都長，什麼意思嘛，我可是覺得自己美得不得了，比所有的參賽者都美，但事實上這只是我的看法，我最後只得了個第四名，現在想想自己當年還真的很自以為是，話雖如此我還是覺得挺有趣的，當初得獎的綵帶和證書我也還一直保留著。

看著電視上的年輕妹妹專注的表情，讓我想起當年參賽的經過。這場比賽得獎者將可以和知名模特兒經紀公司簽約，從此朝名模之路邁進，就像我當年的想法一樣，但事實上跟知名模特兒經紀公司簽約和成為名模，這中間可差遠了，一家經紀公司簽約的模特兒有幾十人，甚至近百人，能成名模的一隻手就數完了，其他的人能賺到起碼的生活費就該偷笑了。我看到這幾個女孩子眼神發亮的述說自己想當模特兒的渴望，每個人都希望能像林志玲一般名利雙收，主持人問及她們目前的工作或就讀的科系，她們顯然興趣不大，這些都不重要，誰管模特兒以前是唸什麼的，而且那些都太無趣了，不及模特兒的生活來得多采多姿，看看那些雜誌上的照片，那些美麗的服飾，還有參加不完的服裝秀和party，衣香鬢影，真巴不得自己能立刻置身其中。我年輕的時候也這樣想，多年之後我領悟到一件事，表面上看來越美麗的事物，背地裡往往越不美麗。

我年輕的時候並沒有林志玲，也沒有名模現象，名模的身分遠不及藝人，沒幾個人知道當紅的模特兒是誰，模特兒吸引我的到底是什麼呢？我努力回想，應該是對美的執著吧！我有兩本剪貼簿，裡面滿滿都是從報紙上剪下的美麗模特兒照片，以前的報紙只有三張，這類的圖片很少，所以我會通通收集起來，對於當時生活簡單的我來說，這些真是令人目眩神迷，除了模特兒，我還著迷於三、四○年代的好萊塢女星，費雯麗、奧黛麗赫本、葛麗絲凱莉、英格麗褒曼，那種女神般的形象深深的吸引著我，我有雙魚座愛幻想的特質，唸書的時候升學壓力很大，唯一讓人喘息的方法就是將自己丟入幻想之中，我想像自己就是照片中的美女，擁有無數的追求者，還有那些可歌可泣的愛情故事，啊，我根本就是沉魚落雁閉月羞花，傾國傾城的大美女！

真的進入模特兒圈發現很多事跟想像完全不一樣，在這個環境裡工作我一點也不快樂，可是我竟然沒離開，很大的原因是我執著於自己的美貌，竟然誤以為這是個適合自己的地方，可以盡情的讓自己美，不過事情的發展往往是難以預料的，上帝常有驚人之舉，在我持續著食之無味，棄之可惜的模特兒生活時，我發現自己病了，病得還不輕哩，醫生囑咐要立刻住院開刀，我還記得是某天深夜，時間已經過了十二點，經紀人打電話通知我當天要去試鏡的事，我用一派輕鬆語氣告訴他，我沒辦法去試鏡，因為我生病了，需要住院開刀，經紀人嚇了一大跳，還以為自己在作夢呢！

開刀後我還有後續療程要做，理所當然需要好好休養一陣子，休養一陣子……聽起來是個不錯的點子，意思就是我可以名正言順的蹺著二郎腿在家休息，當然我的模特兒工作也得暫停，這也是沒辦法的事——嗯……我想自己太多慮了，什麼沒辦法啊，我又不是像林志玲一樣的超級名模，誰管我要不要繼續工作下去。

就這樣，自然而然的我停止了原本就乏善可陳的模特兒工作，這期間我還搬了家，搬到了山邊，靜心養病，模特兒的工作與我越來越疏離，就在這期間林志玲忽然暴紅，整個

發現佛拉明哥

我從沒想過這輩子會發生努力學舞的事，之前為了運動我跳過有氧舞蹈，雖然跳來跳去，大喊大叫很來勁兒，但實在沒什麼美感可言，跳了幾次我就沒興趣了。在國外很多模特兒都要接受舞蹈訓練，增加肢體的靈活度和可塑性，我想也許我是個天生有表演慾的人吧！我在當模特兒時並沒有接觸舞蹈，卻在漸漸淡出模特兒這行，才開始跳舞。

很多人問我為什麼選擇佛拉明哥，我也說不上來，我很喜歡古典芭蕾，但年紀那麼大才學芭蕾，實在太困難了，至於民族舞蹈這類內斂典雅的舞，我實在沒興趣，也許我上輩子是流有拉丁血統的西班牙人，才會深深被佛拉明哥吸引。說起來我和西班牙的緣分是起於遊學美國的時候，我的第一位室友就是西班牙人，她長得非常漂亮，跟我一樣高，穿著打扮很時髦，講了一口西班牙腔非常重的英文，我常常都搞不清楚她到底在講什麼。我的宿舍房間裡沒有衣櫥，因為房間非常小，只有隔出一塊小空間，裡面有個洗臉台和鏡子，兩邊牆上各釘了一排掛衣服的掛勾，角落放了兩個小五斗櫃，這就是我們的衣帽間，麻雀雖小五臟俱全。對於沒有衣櫥的事我並不在意，反正我也沒帶什麼衣服，嚴格說來只有兩件毛衣、兩件牛仔褲和一件外套。這個開放的小空間有意思的地方就是可以觀賞到我室友琳瑯滿目的華美服飾，也許她才是個天生的模特兒！

開學沒多久，我這位西班牙室友，就交了好多新朋友，因為這邊有很多講西班牙文的拉美人，漸漸我發現我們倆幾乎碰不上面，晚上她都會跟朋友去跳舞，往往要半夜一、二點鐘才會來，早上要上課時，她都還在睡夢中，我對於時常可以一個人霸佔房間的狀況十分滿意，也很習慣這樣的生活，但好景不常，一個月後隔壁搬來了兩個年輕的阿根廷女孩，年紀只有十六、七歲而已，她們整天都開心的唱歌、跳舞、喝酒，我的西班牙室友立刻跟她們成了好朋友，沒事就往她們房間跑，三個人玩得不亦樂乎，但我可倒大霉了，她們常常玩到一兩點都不休息，有一次深夜我又看到她們坐在走廊上，拿著酒瓶，拍手唱歌，我覺得自己安靜的生活受到嚴重的打擾，為此我向舍監嚴重抗議，舍監跟她們講了幾次，但也沒用，有一次她們又把房間的音響放得震天價響，我氣得要命，跑去猛敲她們房門，卻發現她們根本不在房間裡，早就跑掉了。那次之後我就搬離了原本可愛的小房間，住到另一幢大樓，這件事似乎傳了開來，某天一位巴西女孩來找我，說那兩個阿根廷小女孩並無惡意，她們看到我暴跳如雷的樣子嚇壞了，還跟我解釋，每個來此住的人目的不一樣，我想安靜唸書，她們想放鬆玩樂，希望我別太介意。這番話讓我思考了很久，也許我真的太嚴肅了。我們學校拉美人很多，我對於他們無可救藥的樂觀實在很羨慕，不管老師有沒有要他們回答，在課堂上他們總是最勇於發言的一群，有時候我覺得他們也沒搞清楚老師在問什麼，反正先回答就是了，比起我們這些總是安安靜靜縮著頭的東方人，他們上課可真是忙得不亦樂乎。

也許是深受到拉丁人熱情開朗的民族性吸引，當我發現國內開始風行跳佛拉明哥時，就立刻決定嘗試看看。剛開始上課時，因為體力不支，常常課上到一半就跑到旁邊休息，還好我沒因此放棄，同樣是講求肢體的美感，跳佛拉明哥可比走台步要有趣多了。也許是之前模特兒工作的訓練，我對於接受自己身材上的缺點要比別人容易得多，我天生是個瘦子，雖然常讓人稱羨，但總覺得跳佛拉明哥還是胖點兒好看，尤其是每次上課面對教室的大鏡子時，總覺得自己手長腳長很怪，更不要說我高人一等的身高，跳群舞時總是很明顯的突出一顆頭，每想到此我就憶起有位資深名模提到她的臀部過胖，為此她努力研究各種pose，讓自己在表演時不讓人注意她這個缺點，而以為她的身材完美。能擁有完美身材的人畢竟少之又少，與其煩惱這些，還不如努力練舞。

我從小就愛漂亮，覺得自己是個宇宙無敵大美女，沒事就喜歡照鏡子，外出的時候從車子後照鏡、玻璃門、不鏽鋼柱子……反正能照的地方我都不忘偷看一下，這種情況在上跳舞課的時候也不例外，有次老師還說：「Eva，我覺得妳跳舞有個問題，妳實在太愛漂亮了，總是一直照鏡子，連腳跳錯了也不管！」大家聽了都哄堂大笑，還有同學附和稱是，顯然大家都注意到了，我只好一直傻笑……以前常聽秀導說模特兒就是要自戀，覺得自己美站在台上才有足夠的自信，最近我發現有人探討說，會去學佛拉明哥的人都有自戀的傾向，不知這說法從何而來，但顯然放在我身上很合適，以前當模特兒，現在跳佛拉明哥，我想我會一直自戀下去了，到了五十歲還傻傻的覺得自己豔光四射，這樣我就心滿意足了！

何謂美麗？

我是個《CSI犯罪現場》迷，記得前陣子有一集劇情，是敘述一位名模被發現遭人毀容棄屍，警方循線追查之後，才發現她是因為長期處於對自己身材和容貌不滿意的情況下，終於導致精神異常，毀容自殺。何謂美麗呢？劇中的模特兒已經是個超級美人，可是她依然充滿不安全感，經紀人三不五時的嫌她胖，患上厭食症的她，老是怕自己吃太多，除了催吐，甚至還計算自己糞便的重量，希望吃下的東西都能排泄出來，自毀容貌的原因，是希望換一張更完美的臉。

這麼激烈的方式，多少讓人覺得是為了加強戲劇效果，真實世界情況如何，沒人知道，但我認為起碼種情形不至於發生在台灣的模特兒身上，畢竟台灣的模特兒環境不若美國、歐洲來得競爭激烈，不過模特兒為了維持身材，節食減肥的事倒是比比皆是，只是不像劇中那麼恐怖就是了。

模特兒界自有一套美麗標準，想要在這行生存，就必須讓自己符合這些標準。美麗準則中有一項是眾所皆知的，那就是要「瘦」，瘦還要更瘦，要比正常人還瘦。模特兒要「瘦」是有原因的，因為只要在燈光下，人就會容易顯胖，所以不管在舞台上走秀還是上鏡頭，模特兒本人都要很瘦，這樣在各種燈光下才會顯得剛剛好，所以維持體重是所有模特兒的基本課題。我曾經見過模特兒為了減重，每天只吃一顆蘋果，一個月下來瘦了八公斤，還有模特兒只吃代餐，甚至有催吐的行為。還記得有個新人，剛進公司經紀人問她身高體重等基本資料，她身高一百七十八公分，體重五十七公斤，經紀人一聽，立刻白了她一眼，說道：「這麼胖，虧妳還說得出口。」，嚇得這個新人當場說不出話來。我想經紀人也是用心良苦，畢竟胖的模特兒是接不到任何工作的。

大眾流行文化所造成的審美觀，讓每個女孩子莫不希望自己也能如明星或模特兒那般骨瘦如柴，但美的標準並不是絕對的。還記得自己剛接觸到佛拉明哥舞時，總覺得像我這種瘦子，跳佛拉明哥舞一點兒也不好看，那些豐腴的女人才能表現這種舞蹈的特殊風情，尤其那些年紀較長，經歷過世事滄桑的女人，更能展現出其中的韻味，誰能說她們不美

生命就應該浪費在美好的事物上

搬家到木柵的山上已經將近五年多了，這個地方很涼爽，搬來後算算，開冷氣的日子不超過十天。搬來第一年我還零星的接了些模特兒工作，生病之後就停了，山上養病的日子很安逸，腦袋放空後，很多道理變得清晰起來，模特兒的工作已經變得遙遠而模糊。

剛搬來這兒的時候，我在建國花市附近領養了一隻米克斯犬，取名「毛毛」，誰知道後來毛毛愈長愈大，竟長成了一隻中大體型犬，為了讓牠得到充分的運動，我和姊姊必須常常帶牠去爬山，冬天還好，夏天就變成了一件苦差事。天氣炎熱就不用說了，蚊蟲更是猖獗，每次出門前都得全副武裝——噴防蚊液、戴水壺和狗狗的水盆、蚊蟲藥膏、小狗的玩具（會發出聲音的球球，毛毛到山上必玩的玩具）、還有我想看的書……林林總總也有一大包。

起初有時覺得很累，可是看到毛毛渴望的眼神，就覺得不帶牠去玩是件很殘忍的事，但漸漸我開始覺得，爬山其實是一件幸福的事。山上的樹木所帶來的氧氣可以對抗很多疾病，我有一位罹患癌症的朋友，因為不敢接受化療，最後尋求另類療法，聽說他的治療師就要求他必須每天在大樹下散步三個鐘頭，因為大量的氧氣可以殺死癌細胞。不但如此，自從開始學習佛拉明哥，我把慢慢的「走山」，當成是一種訓練腳力的方法，我常常帶著響板，一面敲響板一面走山，連毛毛都喜歡聽響板的聲音，剛開始我的響板聲音很ㄔㄨㄛˊ，我姊戲稱我是「賣麻薯的」，一次兩位年輕人經過，還一臉狐疑的說：「好像有青蛙耶！」

我在山上打響板、跳舞、看書、思考，我的狗則忙著東聞西聞，到處玩樂，戲弄一些小昆蟲（這大概是牠最大的能耐了）。回到家沖個澡，放著佛拉明哥的音樂，泡壺薄荷茶，忽然想起廣告中的台詞「生命就應該浪費在美好的事物上」，我沉浸在這美好美好的幸福之中，至於模特兒的事，就隨它去吧！

N^3

N^3